Valérie Pöter

FAQ HUND

Das Antwortenbuch

Kynos Verlag

© 2022 KYNOS VERLAG Dr. Dieter Fleig GmbH
Konrad-Zuse-Straße 3 · D-54552 Nerdlen/Daun
Telefon: +49 (0) 6592 957389-0
www.kynos-verlag.de

Bildnachweis:
Titelgrafik: Kynos Verlag mit Grafik von Valérie Pöter
Autorenfoto: Jessica Meier, Oldenburg
Gezeichnete Grafiken: Valérie Pöter
Adobe Stock: liliya kulianionak-stock.adobe.com, S. 15 – 16; DoraZett-stock.adobe.com, S. 18; Erik Lam-stock.
adobe.com, S. 111; cynoclub-stock.adobe.com, S. 125; kisscsanad-stock.adobe.com, S.130 o. u. Mi, S.133;
blanche-stock.adobe.com, S. 130 u. li; Eric Isselée-stock.adobe.com, S. 130 u. re, S. 131

Gedruckt in Lettland

ISBN 978-3-95464-274-8

 Mit dem Kauf dieses Buches unterstützen Sie die
Kynos Stiftung Hunde helfen Menschen
www.kynos-stiftung.de

Haftungsausschluss

Die Benutzung dieses Buches und die Umsetzung der darin enthaltenen Informationen erfolgt ausdrücklich auf eigenes Risiko.
Der Verlag und auch der Autor können für etwaige Unfälle und Schäden jeder Art, die sich bei der Umsetzung von im Buch be-
schriebenen Vorgehensweisen ergeben, aus keinem Rechtsgrund eine Haftung übernehmen. Rechts- und Schadenersatzansprüche
sind ausgeschlossen. Das Werk inklusive aller Inhalte wurde unter größter Sorgfalt erarbeitet. Dennoch können Druckfehler und
Falschinformationen nicht vollständig ausgeschlossen werden. Der Verlag und auch der Autor übernehmen keine Haftung für die
Aktualität, Richtigkeit und Vollständigkeit der Inhalte des Buches, ebenso nicht für Druckfehler. Es kann keine juristische Verantwortung sowie Haftung in irgendeiner Form für fehlerhafte Angaben und daraus entstandene Folgen vom Verlag bzw. Autor
übernommen werden. Für die Inhalte von den in diesem Buch abgedruckten Internetseiten sind ausschließlich die Betreiber der
jeweiligen Internetseiten verantwortlich.

Inhaltsverzeichnis

DER JUNGHUND   79

DAS KLEINE EINMALEINS DER KÖRPERSPRACHE   99

GESUNDHEIT 123

ANHANG 157

Wie dieses Buch entstand

„Wenn du es nicht einfach erklären kannst,
hast du es noch nicht richtig verstanden."

Albert Einstein

So hätte ich es mir im Tiermedizinstudium gewünscht. Einfach und auf den Punkt.

Stattdessen wälzte ich gelangweilt dicke Fachbücher und kämpfte mich entmutigt durch den Dschungel von Fachbegriffen.

Inhalte, die ich spannend fand und wirklich verstanden habe, kann ich bis heute jederzeit abrufen. Noch heute schöpfe ich von den Zeichnungen, die ich für die bevorstehenden Prüfungen angefertigt habe. Damals noch analog, heute digital. Die Welt des digitalen Zeichnens entwickelt sich immer weiter und ermöglicht uns eine neue Form des Lernens und Verstehens.

Im Rahmen meiner beruflichen Tätigkeit im Hundetraining stellen mir insbesondere besorgte Halter von Welpen und Junghunden immer wieder dieselben Fragen, was mich dazu bewegt hat, die Antworten und das dazugehörige Wissen in Bilder zu übersetzen.

Hieraus ist ein Blog mit Tipps über die Gesundheit und das Training von Hunden entstanden.

Insbesondere in der Vorbereitung auf den Einzug eines neuen vierbeinigen Familienmitglieds werden viele Fragen aufgeworfen, deren Antworten in diesem Buch zusammengefasst sind.

Hierbei ist mein Anspruch, dass das Lernen Spaß macht, Emotionen transportiert werden und das Lesen zu einem faszinierenden Erlebnis wird. Inhalte lassen sich aus meiner Sicht dann am besten merken, wenn wir ein Bild dazu im Kopf haben und das Wissen mit Emotionen verbinden können.

Wie oft hast du beispielsweise schon gelesen, wie das Farbsehen beim Hund funktioniert? Zahlreiche Fotos und wissenschaftliche Texte klären darüber auf. Doch kannst du dir die wichtigsten Inhalte tatsächlich merken? Welche Farben können Hunde gut sehen, welche nicht und welche Rolle spielt das im Training? Mit diesem Buch verfolge ich den Anspruch, das Wissen so klar verständlich zu vermitteln, dass es im Alltag abrufbar und anwendbar ist.

Bevor du dich nun an das erste Kapitel beziehungsweise die erste Fragestellung begibst, möchte ich dich einmal darum bitten, deinen Wissensstand zu prüfen. Über den Link auf S. 160 gelangst du zu einem kurzen Wissensquiz von 14 Fragen und im Ergebnis zu einer Einschätzung, ob du bereits ein Experte oder eine Expertin beim Thema Hund bist.

Am Ende des Buches hast du dann, nachdem du dich mit den Inhalten des Buches vertraut gemacht hast, erneut die Möglichkeit, dich noch einmal dem Quiz zu stellen und zu schauen, ob du etwas in diesem Buch gelernt hast.

In diesem Sinne wünsche ich dir viel Spaß mit diesem Buch und hoffe, dass es dir ein hilfreicher und aufschlussreicher Begleiter im Alltag mit deinem Hund ist.

Deine Valérie

DIE AUSWAHL DES PASSENDEN HUNDES

Wie finde ich den passenden Welpen oder den passenden Familienhund?

So hart es klingen mag: Hunde sind keine Kuscheltiere. Und entgegen der oft anzutreffenden Meinung, der Welpe solle „nur" ein Familienhund werden, sind die Anforderungen gerade an diesen sehr hoch.

Kann ein Hund tatsächlich der beste Freund des Menschen sein? Von mir ein klares „Ja."

Hunde erkennen uns Menschen als Sozialpartner an, empfinden Emotionen wie Ärger, Angst und Trauer und geben uns so viel Zuneigung und Vertrauen in uns selbst. Dementsprechend groß ist jedoch die Gefahr, dass wir unsere Hunde zu sehr vermenschlichen und ihnen viel zu viel Verantwortung überlassen, mit der sie häufig überfordert sind.

Hunde haben Bedürfnisse, denen wir gerecht werden müssen, damit sie ein gesundes und von hoher Qualität gekennzeichnetes Leben in unserer Obhut führen können. Abhängig von der Rasse gibt es große Unterschiede in den verschiedensten Eigenschaften, bei-

spielsweise der inneren Ausgeglichenheit und der mitgebrachten Leistungsbereitschaft des Hundes.

Im Alltag konzentrieren wir uns häufig darauf, was ein Hund alles nicht machen soll: nicht jagen, nicht bellen, nicht ziehen, nicht schnüffeln, nicht jammern … Manchmal verlieren wir dabei aus den Augen, dass es für einen Hund nicht normal ist, täglich allein bleiben zu müssen, in einem anderen Raum als der Rest der Familie zu schlafen oder an einer kurzen Leine laufen zu müssen.

Wenn wir uns bewusst machen, wie der Hund eigentlich zum Menschen kam, stellen wir fest, dass wir die Grundbedürfnisse unserer Hunde dabei manchmal völlig außer Acht lassen.

Der Wolf als Vorfahre unserer Haushunde war für den Menschen von Nutzen, denn mit seiner Hilfe erzielte der Mensch einen besseren Jagderfolg, die Herde und der Hof wurden bewacht und der Vorfahre des Hundes durfte mit am Feuer liegen.

Wenn ich im Training Hunde mit Aggressionsverhalten kennenlerne, wird mir oft bewusst, dass wir es mit ursprünglichen Raubtieren zu tun haben. Nun sind die Verhaltensweisen eines Wolfes und eines Hundes heute nicht mehr identisch und die Unterschiede zwischen den einzelnen Hunderassen sind sehr groß. Doch viele Ursachen für „problematisches" Verhalten von Hunden in unserem

Jagen ist eine der ursprünglichsten Eigenschaften von Hund und Wolf.

Alltag lassen sich aus meiner Sicht darauf zurückführen, dass sich die Ansprüche, die wir an unseren Hund stellen, von den Bedürfnissen, die ein Hund mitbringt, stark unterscheiden.

In meinem Beruf werde ich mit vielen Wünschen meiner Kunden konfrontiert, die sich einen ruhigen Alltagsbegleiter wünschen – ein Familienmitglied, das man überall hin mitnehmen kann und das jederzeit für Streicheleinheiten zu haben ist. Doch damit der Hund ein ausgeglichener und zufriedener Partner sein kann, braucht er genügend Beschäftigung, körperliche und geistige Auslastung und einen Menschen, auf den er sich verlassen kann und der im Alltag die Verantwortung übernimmt.

Viele Probleme, die sich im Alltag mit einem Hund ergeben, ließen sich vermeiden, wenn wir Menschen uns im Vorfeld darüber bewusst würden, welche Rasse mit welcher Veranlagung am besten zu uns und unserem Lebensstil passt. Viele Hundeschulen bieten bereits eine Beratung vor der Auswahl eines Hundes oder Welpen an, um bei den offenen Fragen zu unterstützen und bei der Auswahl eines Familienhundes zu helfen. Denn nicht nur die Optik, das heißt die Farbe, die Größe oder die Felllänge sind entscheidend, sondern Aspekte, die den Charakter des Hundes betreffen und seine Veranlagung, wie beispielsweise die Fähigkeit, Bewegungsreize gut aushalten zu können, aber auch das „Nichtstun" auszuhalten.

Auch, wenn sie manchmal Mäntelchen tragen: Hunde sind keine Kuscheltiere, sondern haben eigene Bedürfnisse.

Wieso finden wir manche Hunde niedlicher als andere?

Häufig suchen wir uns unsere Hunde nach dem Aussehen aus. Dabei bevorzugen wir die unterschiedlichsten Rassen. Doch was beeinflusst eigentlich unseren Geschmack?

Insbesondere dann, wenn unser Hund uns tief in die Augen blickt, während wir abends gemütlich auf dem Sofa sitzen und dabei den Kopf in unseren Schoß legen, kann jeder Hundebesitzer bestätigen: Das fühlt sich gut an. Zum einen wird hier das Bindungshormon Oxytocin ausgeschüttet, zum anderen entfaltet das Kindchenschema seine volle Wirkung.

Diese Merkmale bewirken bei uns Erwachsenen, dass wir den Welpen als hilfsbedürftig und schutzbedürftig ansehen. Durch die optischen Signale wird bei uns pflegendes Verhalten und emotionale Zuwendung gegenüber einem „Baby" verstärkt.

Dies beobachtet man insbesondere bei Tierarten, bei denen das Neugeborene lange bei den Eltern bleibt und erst spät von den Eltern unabhängig wird (sogenannte „Nesthocker").

Ist man nun auf der Suche nach einem neuen Familienmitglied mit Fell, sind weitere Merkmale sehr entscheidend, um den passenden Familienhund zu finden. Hierzu gehören beispielsweise eine gute Frustrationstoleranz und ein ausgeglichenes Gemüt, aber auch eine freundliche Grundstimmung gegenüber Menschen.

Bei der Zucht von Haustieren werden verschiedene Merkmale für die Zuchttauglichkeit herangezogen. Hierzu zählt unter anderem auch das Aussehen. Dabei spielt auch das Kindchenschema eine entscheidende Rolle, denn bestimmte Merkmale bleiben beim erwachsenen Hund erhalten. Diese können aber zum Teil gravierende Folgen für den Gesundheitszustand des erwachsenen Hundes haben.

Große Augen: Beim Hund liegen die Augäpfel in einer von Knochen gebildeten Höhle, der Augenhöhle. Diese schützt den Augapfel vor einer möglichen Beschädigung von außen. Bei Hunden, deren Nase verkürzt ist, ist die knöcherne Augenhöhle nicht richtig ausgebildet. Durch ihre flache Form kann es passieren, dass der Augapfel aus der Höhle heraustritt, zum Beispiel, wenn der Hund in eine Rauferei gerät. Das sieht dann nicht nur sehr erschreckend aus, es ist auch sehr

Das Kindchenschema, was ist denn das?

Zum Kindchenschema gehören typischerweise folgende Merkmale:

- Großer, runder Kopf / große, runde Augen
- Kleine Nase
- Dicke Pausbacken, rundlicher Saugmund
- Hohe Stimme
- Dicklicher Körper
- Kurze, dicke Beinchen
- Tollpatschige Bewegungen

schmerzhaft für den betroffenen Hund und gilt als Notfall.

Kurze Nase: Die Verkürzung der Nase beim Hund ist durch eine Verkürzung des knöchernen Schädels des Hundes entstanden. Durch die Auswahl der Elterntiere bei der Verpaarung wurde dieses Merkmal bewusst ausgewählt, sodass die Nase mancher Hunde fast nicht mehr zu sehen ist. Dies kann beim Hund zu einer lebensgefährlichen Atemnot führen, da er nicht mehr genug Sauerstoff aus der Luft aufnehmen kann.

Dicklicher Körper: Für viele unserer Haustiere ist das Übergewicht ein wirkliches Problem. Übergewicht wirkt sich dramatisch auf die Gesundheit des Hundes aus und kann die Lebenserwartung eines Hundes deutlich senken.

Kurze, dicke Beine: Verkürzte Gliedmaßen und deren Fehlstellungen können zu einer starken Einschränkung in der Bewegung des Hundes und zu orthopädischen, also die Knochen und Gelenke betreffenden Erkrankungen führen.

Welpenschutz?

An dieser Stelle möchte ich über ein weiteres Missverständnis aufklären, nämlich dass Welpen aufgrund des Kindchenschemas einen Vorteil hätten, da sie auch von fremden Hunden als schutzbedürftig angesehen würden. Fälschlicherweise gehen viele Menschen davon aus, dass Hunde, denen man auf dem Spaziergang begegnet, automatisch freundlich gegenüber Welpen gestimmt sind und kein Aggressionsverhalten zeigen. Dem ist nicht so, denn den sogenannten „Welpenschutz" gibt es ausschließlich innerhalb des Rudels. Wird ein Welpe mit anderen erwachsenen Hunden innerhalb eines Haushalts groß, kann man davon ausgehen, dass die erwachsenen Hunde sich an der Erziehung beteiligen und den Welpen schützen. Trifft ein Welpe auf dem Spaziergang mit seinen Menschen eine fremde Hündin oder einen Rüden, besteht dieser Schutz nicht. Daher sollten Kontakte eines Welpen mit fremden Hunden sorgfältig ausgewählt werden, damit der Welpe gute Erfahrungen sammeln kann.

Welpen haben gegenüber fremden Hunden nicht automatisch „Welpenschutz"!

Warum fällt Hunden mit kurzer Nase das Atmen so schwer?

Hunde mit einer kurzen Nase, so genannte Brachyzephale, bekommen schlechter Luft, aber woran liegt das eigentlich?

Ich mag Bulldoggen. Kleine und große. Ich liebe ihr ruhiges Gemüt, ihre selbstständige Art und den niedlichen Blick und ihre besondere Mimik. In meinem kurzen Artikel über das Kindchenschema beim Hund erkläre ich, warum wir Hunde mit kurzen Nasen besonders niedlich finden. Die hohe Stirn, die großen Augen und die kleine Nase lösen bei uns bestimmte Gefühle aus.

Als Tierärztin habe ich mich im Studium mit den anatomischen Besonderheiten kurznasiger Rassen auseinandergesetzt. Das Hauptproblem: Während der knöcherne Schädel durch züchterischen Einfluss und die Auswahl und Verpaarung immer kürzer wurde, haben sich die inneren Organe dieser Veränderung nicht angepasst. Das heißt: Die inneren Organe wie der harte und der weiche Gaumen, der Kehlkopf und der ganze Atmungsapparat sind nicht geschrumpft und müssen in die verkleinerten Knochenhöhlen, die der Schädel bildet, passen.

Habt ihr schon mal von dem Begriff Gaumensegel gehört? Es gibt eine Operation, bei der dieses Gaumensegel gekürzt wird. Aber warum? Ist das Gaumensegel bei kurznasigen Rassen zu lang gewachsen?

Nein. Wie oben beschrieben hat das Gaumensegel eine normale Größe, aufgrund des kürzeren knöchernen Schädels ist es aber im Verhältnis zu lang.

Beginnen wir anatomisch gesehen von vorne. Welche Funktion hat das Gaumensegel? Wenn du mit deiner Zunge über deinen Gaumen fährst, merkst du, dass es sich um eine harte Struktur im Mund handelt. Fährst du mit der Zunge weiter nach hinten, wird der Gaumen weich. Das Ende des Gaumens kannst du mit der Zunge nicht erreichen. Dieses Ende wird als Gaumensegel bezeichnet. Es trennt die Mundhöhle von der Nasenhöhle. Kurzum: Durch das Gaumensegel gelangt das Essen aus dem Mundraum nicht in deine Nase. Sobald du schluckst, merkst du, dass du während des Schluckaktes keine Luft mehr durch die Nasenlöcher einatmen kannst. Das Gaumensegel erfüllt seinen Zweck.

Sowohl beim Hund als auch beim Menschen kreuzen sich die Wege der Nahrung und der eingeatmeten Luft im Rachen. Du kannst die Luft durch die Nase einatmen und durch den Mund wieder ausatmen. Die Luft gelangt in die Luftröhre, die Nahrung in die Speiseröhre. Während der Atmung ist der Kehlkopf so geöffnet, dass die Luft in die Luftröhre gelangen kann. Während des Schluckens schließt sich der sogenannte Kehldeckel über die Öffnung zur Luftröhre. Nun ist die Luftröhre verschlossen und die Nahrung gelangt in die Speiseröhre. So weit, so gut.

Nun sieht man bei vielen Hunden mit kurzer Nase stark verkleinerte Nasenlöcher. Auch die „Erweiterung des Nasenlochs" ist eine Operation, die häufig durchgeführt wird, um dem betroffenen Hund mehr Lebensqualität durch eine bessere Atmung zu ermöglichen.

Um das Ganze besser zu verstehen, kannst du dir mal für eine Minute mit zwei Fingern die Nasenlöcher ein wenig zuhalten und dann versuchen, tief Luft zu holen. Stell dir das Ganze bei körperlicher Anstrengung vor. Durch die zu engen Nasenlöcher gelangt weniger Atemvolumen während eines Atemzuges in die Lunge. Bei einem Hund mit einer verkürzten Nase ist der gesamte Luftweg bis in den Eingang in die Luftröhre verengt. Der Hund bekommt schlechter Luft, dadurch entsteht ein Sauerstoffmangel.

Damit Hunde ihre Temperatur regulieren können, hecheln sie (atmen also schneller) und werden so überschüssige Wärme los, denn Hunde können ja nicht so wie wir schwitzen. Bei einem Hund mit einer kurzen Nase funktioniert das Abkühlen über das Hecheln nicht mehr richtig. Um das Ganze auszugleichen, versucht der Hund, insgesamt tiefer einzuatmen. Dies strengt seine Atemmuskulatur sehr an und es wird automatisch ein Unterdruck im Atmungsapparat erzeugt. Dadurch wird unter anderem das Gaumensegel in den Nasenraum gezogen. Der Hund bekommt noch schlechter Luft, denn die Atemwege werden weiter verengt. Hunde mit kurzen Nasen schnarchen häufig im Schlaf. Wenn man versucht, Schnarchgeräusche zu imitieren, merkt man ein Kribbeln im weichen Gaumen. Das Gaumensegel wird dabei in die Nasenhöhle gezogen.

In der Tierarztpraxis versucht man diesen Hunden chirurgisch zu helfen und vergrößert die Nasenlöcher und kürzt das Gaumensegel. Dabei hofft man darauf, dass der betroffene Hund nach der Operation wieder besser atmen kann. Eine Heilung des ursprünglichen Problems, nämlich des zu kleinen Schädels für die Atemorgane, ist nicht möglich.

Es gibt unheimlich viele Artikel über das sogenannte Brachyzephalensyndrom. Leider gibt es auch sehr viele Videos und Fotos auf Social Media, die betroffene Hunde zeigen, bei denen nicht erkannt wird, dass die Hunde eigentlich keine Luft bekommen und unter ihrer Situation leiden.

Wichtig ist, dass wir einander aufklären. Einsicht erfolgt nur, wenn wir verstehen, warum ein Hund mit einer kurzen Nase keine Luft bekommt und welche Hunde wie stark davon betroffen sind.

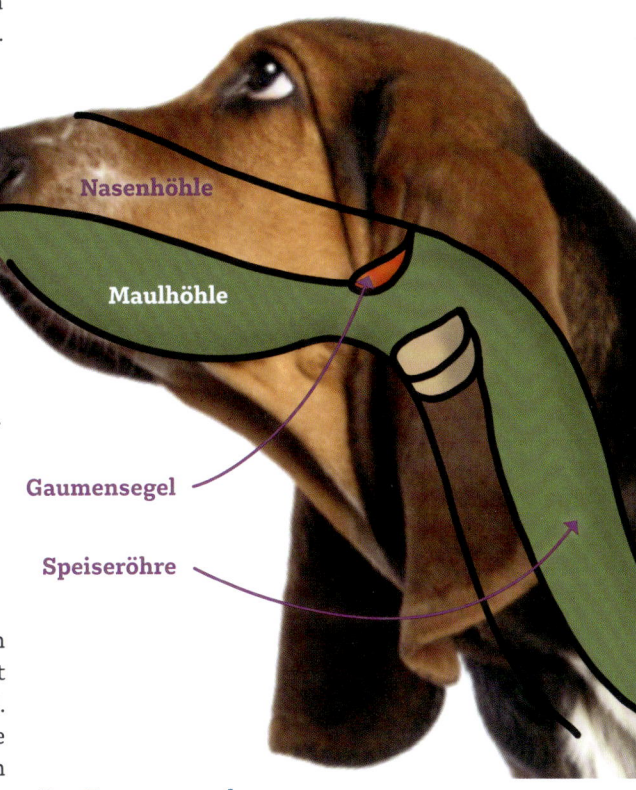

Schluckvorgang

Nasenhöhle

Maulhöhle

Gaumensegel

Speiseröhre

Das Gaumensegel trennt die Nasenhöhle von der Mundhöhle.

Einatmung

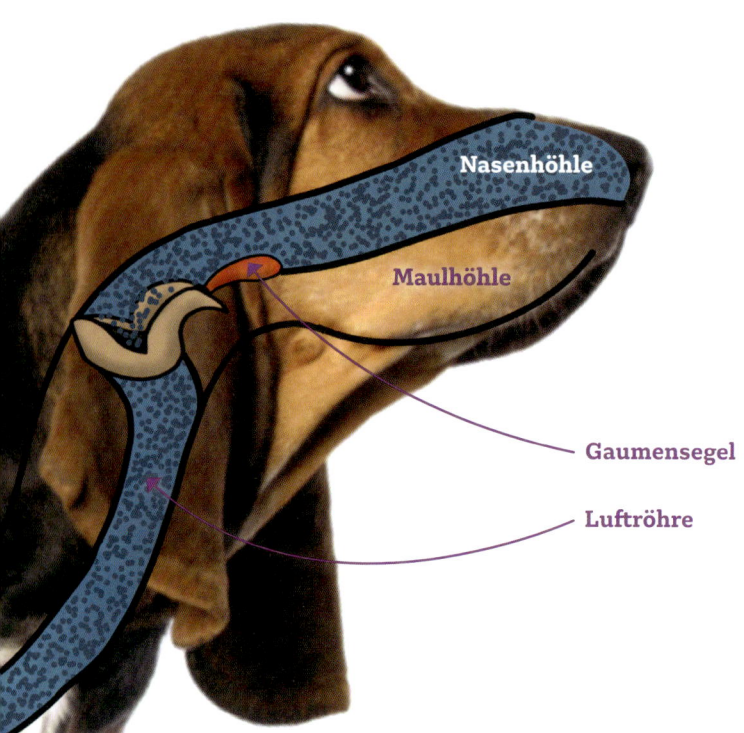

Nasenhöhle
Maulhöhle
Gaumensegel
Luftröhre

Bei der Einatmung gelangt die Luft durch die Nasenhöhle in die Luftröhre.

Einatmung erschwert

Schlitzartiges Nasenloch
Gaumensegel im Verhältnis zur Nasenhöhle zu groß

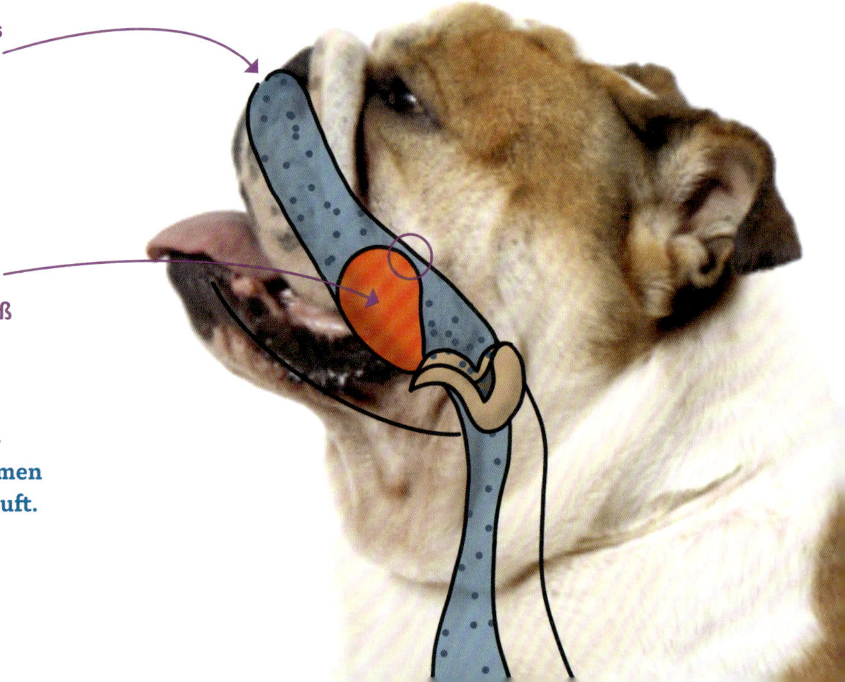

Durch den verkürzten Schädel bekommen Hunde schlechter Luft.

Was sind Keilwirbel?

Das Aussehen eines Hundes spielt eine entscheidende Rolle für seine Kommunikation unter Artgenossen. Es kann bei sehr unterschiedlich aussehenden Hunden oder solchen, die keine große Vielfalt von Körperformen von Schlapp- bis Spitzohr, Kurz- bis Langhaar und so weiter kennengelernt haben, zu regelrechten körpersprachlichen Missverständnissen bis hin zu Aggressionsverhalten führen. Aber auch gesundheitliche Aspekte spielen eine entscheidende Rolle, weil sie zu erheblichen Schmerzen, Leiden und Schäden des betroffenen Hundes führen können.

Daher ist es besonders wichtig, bei der Auswahl eines Welpen erkennen zu können, welche negativen Folgen bestimmte Zuchtziele auf die Lebensqualität eines Hundes haben können und wie man die Gesundheit eines Welpen beurteilen kann. Dabei spielen auch Fehlbildungen von Rückenwirbeln eine wichtige Rolle, die erblich bedingt sein können.

Unter dem Begriff „Hemivertebrae" versteht man sogenannte Keilwirbel. „Hemi" bedeutet „Halb / Hälfte" und „Vertebrae" ist die Mehrzahl von „Wirbel".

Es handelt sich also um Wirbel, die im Aussehen verändert sind und ihre ursprüngliche Funktion nicht mehr ausüben können. Hierzu gehört beispielsweise der Schutz des Rückenmarks und der austretenden Nerven. Werden diese gequetscht, führt dies zu Funktionseinschränkungen und Schmerzen. Wird also der knöcherne Schutz in seiner Form und Funktion beeinträchtigt, können Nerven gequetscht werden.

Nervenausfälle führen zu Lähmungen und Bewegungseinschränkungen der Gliedmaßen oder auch zu Lähmungen der Blasenfunktion, sodass Hunde inkontinent werden können, also Urin verlieren, da sie diesen nicht mehr kontrolliert ausscheiden können.

Ob es sich bei einem Hund tatsächlich um Keilwirbel handelt, kann man mithilfe eines Röntgenbildes beurteilen. Ist der Hund stark betroffen und treten Symptome wie Schmerzen oder Lahmheit auf, kann mithilfe einer Operation versucht werden, die entsprechenden Wirbel zu stabilisieren.

Die Missbildung der Wirbel kann bei einem, aber auch gleichzeitig bei mehreren Wirbeln vorkommen. Als Ursache für das fehlerhafte Aussehen eines Keilwirbels wird eine fehlerhafte Verknöcherung beziehungsweise eine fehlerhafte Durchblutung während der Verknöcherung des Wirbels vermutet, die vererbt werden kann.

Mit Hunden, bei denen Keilwirbel auftreten, sollte nicht weiter gezüchtet werden, auch wenn sie selbst keine Symptome oder Schmerzen zeigen. Keilwirbel kommen bei bestimmten Rassen häufiger vor, besonders bei solchen mit sogenannten „Screwtails", also korkenzieherähnlichen Ruten. Zu den Rassen, die betroffen sein können, gehören unter anderem die Französische und die Englische Bulldogge, der Boston Terrier und der Mops. Die verkürzte Rute dieser Hunde ist durch das Fehlen von Wirbeln der Schwanzwirbelsäule gekennzeichnet. Normalerweise besteht die Schwanzwirbelsäule des Hundes aus 20 bis 23 Wirbeln. Die wenigen übrig gebliebenen Schwanzwirbel sind häufig ebenfalls missgebildet.

Mir gefällt ein Hund, einer betroffenen Rasse, kann ich mich trotzdem für einen Welpen entscheiden?

Die beste Vorsorge liegt ganz besonders bei diesen Rassen darin, Welpen nur von verantwortungsvollen Züchtern zu kaufen, bei denen die Elterntiere auf Keilwirbel untersucht wurden und die dazugehörigen Röntgenaufnahmen zur Einsicht zur Verfügung gestellt werden. Trotz verstärkter Aufklärung und Kampagnen vieler Tierärzte und der Tierärztekammer nimmt der Trend zu diesen Rassen aus meiner Sicht leider nicht ab. Beispielsweise macht die Tierärztekammer Berlin mithilfe ihrer Qualzuchtkampangen auf weitere Qualzuchtmerkmale aufmerksam und stellt Flyer und Aufklärungsmaterial zur Verfügung. Als Verbraucher, sprich Welpenkäufer, sind wir in der Verantwortung, die Zucht dieser Rassen nicht zu unterstützen, denn Tierschutz bedeutet aus meiner Sicht leider auch, sich bei der Suche nach einem neuen Familienmitglied gegen einen Hund zu entscheiden und die Vermehrung betroffener Hunde finanziell nicht zu unterstützen.

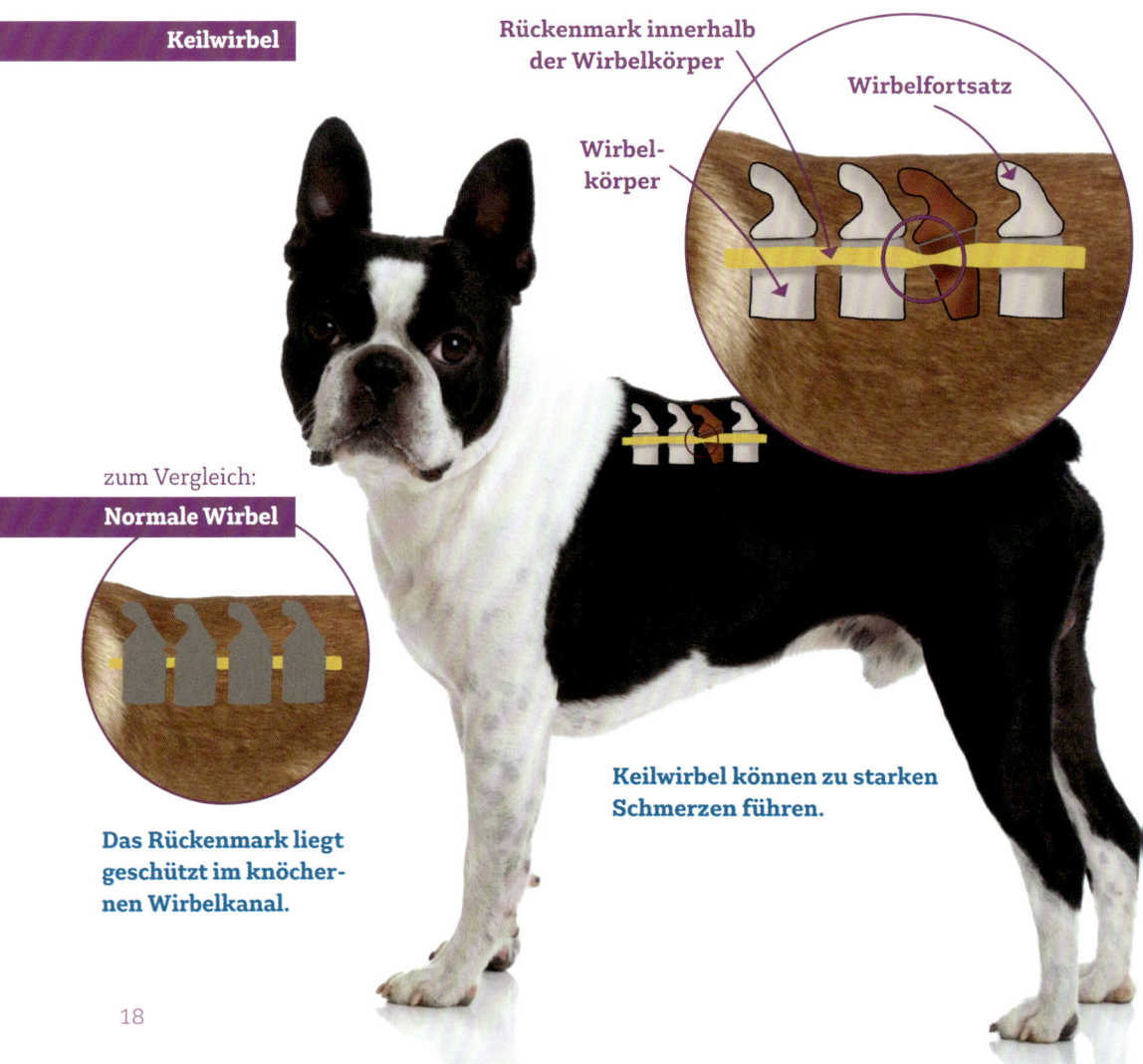

Keilwirbel

Rückenmark innerhalb der Wirbelkörper

Wirbelfortsatz

Wirbelkörper

zum Vergleich:
Normale Wirbel

Das Rückenmark liegt geschützt im knöchernen Wirbelkanal.

Keilwirbel können zu starken Schmerzen führen.

Unser Welpe kommt vom Bauernhof – das ist gut, oder?

Dieses Thema ist eines der wichtigsten in einer Beratung, bevor ein Welpe einzieht. Warum? Weil eine Vielzahl von problematischen Verhalten wie Angstverhalten, Menschen beißen, soziale Unverträglichkeit oder anderes Aggressionsverhalten ihren Ursprung bereits in den ersten acht Lebenswochen haben – und diese verbringt der Welpe bei der Mutterhündin.

Was sind schon acht Wochen, fragst du dich jetzt? Ich mache doch im Anschluss alles richtig.

Nach dem deutschen Tierschutzgesetz dürfen Welpen nicht vor der achten Lebenswoche von der Mutterhündin getrennt werden. Während der Welpe in den ersten drei Lebenswochen noch nicht viel mehr im Sinn hat als die Ausscheidung und die Nahrungsaufnahme, kann er mithilfe der Mutterhündin in den ersten acht Wochen schon ein großes Spektrum an Umweltreizen kennenlernen.

Hierzu gehört beispielsweise das Absetzen von Urin und Kot außerhalb der Wurfbox, die Grundlagen der Kommunikation unter Hunden, aber auch Regeln und Grenzen kennenzulernen. Die Welpen können Vertrauen und eine Bindung aufbauen und sich das Verhalten der Mutter auf neue Reize abschauen.

Ein häufiger Trugschluss ist, dass der Welpe, wenn er auf einem Bauernhof groß wird, ja schon ganz viele Reize wie Kühe, Schafe und Pferde kennengelernt hätte. Es gibt sicherlich auch viele positive Beispiele mit Menschen, die sich sehr viel Mühe in der Aufzucht der Welpen geben und die Welpen sowohl mit den Umweltreizen auf dem Bauernhof als auch mit dem Wohnumfeld vertraut machen.

In der Praxis zeigt sich aber leider häufig, dass Hunde, die wohlbehütet auf dem Land aufgewachsen sind, auf bestimmte Umweltreize später sehr schreckhaft reagieren – wie beispielsweise auf Staubsauger, LKW, fremde Männer oder auch andere Hunde. Umso wichtiger ist es, dass die Welpen in den ersten acht Lebenswochen bereits ein häusliches Umfeld kennenlernen und eigentlich alles, was sie auch später im neuen Zuhause brauchen. Hierzu gehören auch positive, freundliche und ausgewählte Kontakte zu Kindern und zu fremden Personen oder die gemeinsame Autofahrt mit den Geschwistern und der Mutterhündin zur Tierarztpraxis.

Sollte es ein Züchter oder eine Züchterin sein oder besser eine private Familie, bei der die Welpen groß werden?

Das ist gar nicht so eindeutig zu beantworten, letztendlich stehen sich aus meiner Sicht zwei große Themen gegenüber: das Exterieur und das Interieur. Sowohl ein renommierter Züchter als auch ein privater Haushalt können dem Welpen einen sehr guten Start ins Leben ermöglichen und bei der Auswahl der Elterntiere wichtige Aspekte berücksichtigen.

In Bezug auf das Exterieur, also das äußere Erscheinungsbild eines Hundes, sollte der gesundheitliche Aspekt im Vordergrund stehen. Bestimmte Erkrankungen können genetisch vererbt werden und je nach Rasse treten bestimmte Erkrankungen häufiger auf. Für immer mehr Erkrankungen, die eine erbliche Ursache haben können, gibt es Gentests, die Rückschlüsse auf betroffene Hunde liefern können. Zudem spielen Röntgenbilder, insbesondere bei orthopädischen, also die Knochen und Gelenke betreffenden Erkrankungen, eine Rolle.

Einige Zuchtvereine geben bereits bestimmte Untersuchungen der Elterntiere vor, um bestmöglich der Vererbung von Erkrankungen vorzubeugen. Dies ist natürlich keine Garantie für ein langes gesundes Leben.

Das Interieur, sprich der Charakter und das Wesen von Hunden, sind für das spätere Verhalten, das Training und die Vorbeugung von problematischem Verhalten mitentscheidend, auch wenn natürlich Erfahrungen aus der Umwelt eine ebenso große Rolle spielen. Trotzdem ist es wichtig, sich vom Charakter der Elterntiere ein Bild zu machen. Eine gute Einschätzung über die Eignung der Hündin oder des Rüden kann erfolgen, wenn der Züchter oder Besitzer der Elterntiere sich intensiv mit ihnen beschäftigt. Hunde, die nicht mit im Haushalt leben und die wenig beschäftigt oder gefordert werden, können zwar vom Charakter freundlich und geeignet sein, doch wird der Besitzer dies nicht wirklich einschätzen können.

Bei Mutterhündinnen, die sich ängstlich gegenüber fremden Reizen verhalten, kann man beobachten, dass die Welpen sich dieses Verhalten abschauen können. Ein wichtiges Kriterium ist also auch, wie sich die Elterntiere gegenüber den neuen Hundehaltern verhalten. Sie sollten weder Aggressionsverhalten noch ängstliches Verhalten zeigen und freundlich auf die fremden Personen reagieren.

Über einen spannend gestalteten Welpenspielbereich im Haus sorgt ein Züchter dafür, dass sich die Welpen mit verschiedensten Reizen auseinandersetzen können. Dies kann zum Beispiel eine Vogelnestschaukel sein, so-

dass die Welpen sich bereits in ihrer Balance üben können und keine Angst vor wackeligen Gegenständen haben sowie verschiedene Untergründe und Hilfsmittel wie Tunnel oder andere geeignete Gegenstände.

Häufig werde ich dann noch gefragt, ob man sich besser für einen Rüden oder eine Hündin entscheiden soll. Hierbei spielt für mich der Charakter des Welpen eine viel größere Rolle. Die Züchter lernen die Welpen in den ersten acht Wochen kennen und können bereits eine Menge zum Charakter jedes einzelnen Welpen sagen. Ist man auf der Suche nach einem ruhigen und zutraulichen Familienhund, sollte der Welpe auch entsprechend dieses Gemüts ausgesucht werden.

Bei der Zucht sollte auf den Charakter der Elterntiere geachtet werden.

In welchem Alter sollte ich meinem Welpen vom Züchter übernehmen?

Sobald der Welpe ausgesucht ist, geht es häufig in die weitere Planung und erste Verunsicherungen treten auf. Insbesondere das Thema, wann der beste Zeitpunkt für den Einzug des Welpen ins neue Zuhause ist, wirft unterschiedliche Fragestelllungen auf.

Wie lange also sollte der Welpe am besten bei der Mutterhündin bleiben – er soll ja nicht zu früh von seiner Mutter und seinen Geschwistern getrennt werden? Einige Züchter empfehlen, den Welpen erst im Alter von zwölf Wochen in die neue Familie zu übernehmen, manche Zuchtvereine schreiben sogar vor, dass der Welpe nicht früher abgegeben werden darf. Laut Tierschutzgesetz ist es nicht erlaubt, einen Welpen vor der achten Lebenswoche von seiner Mutter zu trennen. Dies hat gute Gründe, denn eine zu frühe Trennung von der Mutterhündin kann schwerwiegende Verhaltensstörungen für das restliche Leben des Welpen bedeuten.

Aufgrund der zu frühen Trennung kann der Welpe vermehrt ängstlich und wachsam sowie emotional sprunghaft und leicht übererregbar sein. Im Klartext kann es einem Welpen dann viel schwerer fallen, offen und neugierig auf neue Umweltreize zuzugehen und im Vergleich mit Welpen im selben Alter viel unsicherer sein. Außerdem kann die frühe Trennung sowohl eine Ursache für Probleme beim Alleinbleiben als auch für eine fehlende Stubenreinheit sein.

Nun könnte man denken, na gut, dann lasse ich den Welpen lieber solange es geht bei der Mutterhündin. In der Praxis zeigt sich aber, dass Welpen, die erst später von der Mutter getrennt werden, größere Schwierigkeiten haben, offen auf andere Welpen zuzugehen. Die Sozialisierungsphase, also die Phase, in der Welpen besonders empfänglich für neue Reize sind und diese gut verarbeiten können, endet mit der 16. Lebenswoche. Wächst der Welpe nun bei einer Familie oder einem Züchter auf, der grundsätzlich ganz anders als die neue Familie lebt, verpasst man die Möglichkeit, den Welpen an die für ihn wichtigen Umweltreize zu gewöhnen.

Je nachdem, wie groß der Wurf ist, kann ein Welpe in der neuen Familie individueller betreut und gefördert werden, als es der Züchter oder Besitzer des ganzen Wurfes womöglich leisten kann. Auch der Kontakt zu fremden Hunden beziehungsweise anderen Welpen kann nur schwierig gewährleistet werden. Der Welpe sollte bis zur 16. Lebenswoche möglichst viele positive Erfahrungen mit den verschiedensten Umweltreizen machen, dabei aber nicht überfordert werden.

Es gibt viele verschiedene Umweltreize, die man gemeinsam mit dem Welpen erkunden kann. Hierbei ist es besonders wichtig, den Welpen dabei nicht zu überfordern. Der Welpe soll positive und angenehme Erfahrungen sammeln und sich an die neuen Geräusche gewöhnen, ohne dabei traumatisiert zu werden.

Damit sich der Welpe also an das neue Zuhause gewöhnt und später ein entspannter Alltagsbegleiter wird, sollte er möglichst früh alle wichtigen Reize im neuen Lebensumfeld kennenlernen. Auch im Junghundealter ist immer noch Lernen möglich und auch ein Senior lernt noch etwas dazu. Dennoch sind die Welpen in den ersten 16 Lebenswochen sehr lernfähig und es empfiehlt sich, diese wenigen Wochen zu nutzen. Der Besuch in einer Welpenschule kann am besten erfolgen, nachdem sich der Welpe ein paar Tage im neuen Wohnumfeld eingelebt hat.

Was der Welpe in einer Stadt zum Beispiel kennenlernen kann:

- Autos, LKW
- Müllabfuhr
- Traktor
- Moped, Motorrad
- Bus, Bahnhof
- Zug, Fähre
- Flugzeuge
- Hundeladen
- Wenige Stufen laufen lernen
- Rollerskater, Skateboarder
- Neben geschobenem Fahrrad gehen
- Fahrradfahrer
- Auto, Bus und Zug fahren
- Café besuchen
- Kaufhaus, Geschäfte
- Drehtüren
- Niemals Rolltreppen, da die Verletzungsgefahr zu groß ist!

Der Welpe sollte viele gute Erfahrungen machen und dabei nicht traumatisiert werden.

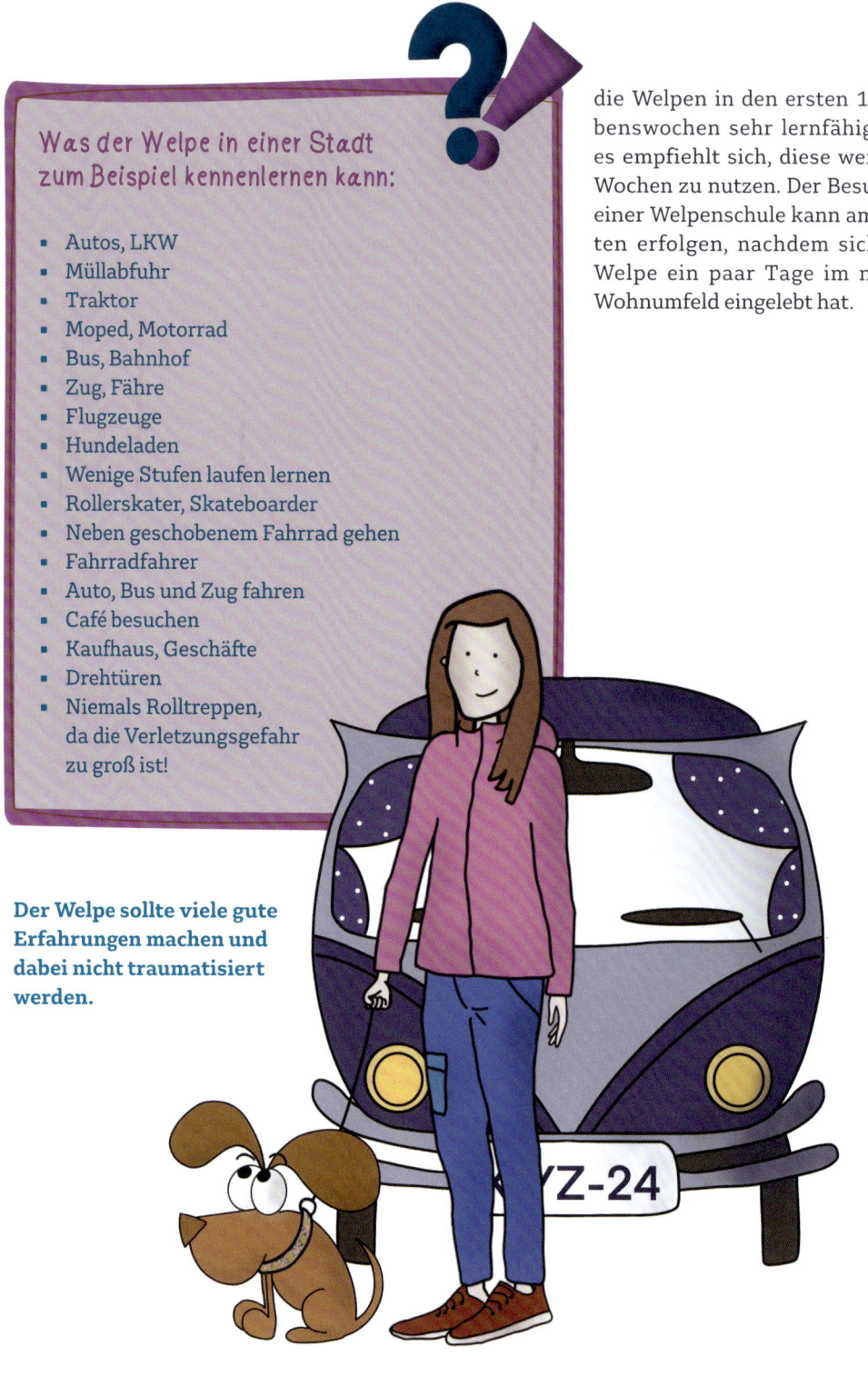

Sollte ich einen Welpenkurs für kleine Rassen besuchen?

„Hilfe! Ich habe einen kleinen 15 Wochen alten Bollipoo, der große Angst vor anderen Hunden hat. (Ein Bollipoo entsteht durch die Verpaarung zwischen den Rassen Bolonka Zwetna und Pudel). Wir sind in einer Welpengruppe und dort zittert er stark, fürchtet sich und schreit, wenn ihm ein anderer Hund zu nahekommt. Ich bin mir total unsicher, was ich machen soll und frage mich, ob ich eine Welpenspielgruppe für ganz kleine Hunde mit ihm besuchen soll."

Manchmal werde ich gefragt, ob ich in meiner Hundeschule auch Welpengruppen für kleine Rassen anbiete. Die Welpengruppen liegen mir sehr am Herzen liegen und ich wollte den perfekten Welpenkurs kreieren, um wirklich jedem Mensch-Hund-Team die optimalen Voraussetzungen zu schaffen, damit aus den Welpen sichere und freundliche Hunde werden, die sich im Freilauf mit anderen Hunden wohlfühlen und sich an freundliche Umgangsformen halten. Dabei gibt es stark voneinander abweichende Erwartungen von frisch gebackenen Hundeeltern und vor allem auch unterschiedliche Herausforderungen, was die Sozialisierung der Welpen angeht.

Hunderassen unterscheiden sich erheblich voneinander, unter anderem auch in der Körpergröße. Meiner Erfahrung nach sind viele Rassen kleinerer Größe um einiges skeptischer gegenüber fremden Welpen. Das kann man zwar nicht pauschalisieren, denn Ausnahmen bestätigen die Regel, dennoch fällt es mir in meinem beruflichen Alltag häufiger auf. Dies kann mit der Wurfgröße zusammenhängen. Besteht ein Wurf aus drei Welpen, haben die Geschwister weniger Kontakt zu anderen Individuen, als wenn ein Wurf aus 13 Welpen besteht. Dabei ist die Anzahl an Welpen in Würfen kleiner Rassen häufig etwas kleiner.

Dies kann Vor- und Nachteile haben, denn der Umgang miteinander, also zwischen den Geschwistern, hat erheblichen Einfluss auf die Einstellung gegenüber anderen Welpen. In manchen Würfen geht es manchmal ziemlich wild und rabiat zu. Und was man Zuhause gelernt hat, zeigt sich dann auch in der Welpenschule gegenüber anderen Welpen. Es ist erstaunlich, wieviel Einfluss bereits die ersten acht Lebenswochen innerhalb des Wurfes haben. Während der eine sich sehr verschüchtert kaum auf das Trainingsgelände wagt und vor Aufregung am ganzen Körper zittert, kommt der andere höchst selbstbewusst daher.

Eigentlich wünschen sich alle Welpenbesitzer ein nettes Spiel der Welpen miteinander. Doch manchmal habe ich den Eindruck, es steckt ein Wolf im Schafspelz. Nun kommen wir Trainer ins Spiel, wir sorgen dafür, dass sich kein Welpe unwohl fühlt, überrumpelt wird oder in eine Ecke gedrängt wird. Die Welpen können hierbei bereits lernen, Frustration auszuhalten und dass sich ruhiges Verhalten und Abwarten lohnt. Unsichere Welpen können dabei im Schutz ihrer Menschen selbst entscheiden, wie groß der Abstand zu den anderen Welpen sein soll.

Sehr oft beobachten wir Welpen, die zunächst skeptisch und vorsichtig sind und nach und nach aufblühen. Dann wird es häufig nötig, einzuschreiten und das Aufreiten oder die Zähne im Fell des anderen Welpen zu verhindern. Letztendlich gehen viele Welpen dann selbstsicher, aber auch freundlich im Umgang mit anderen in die Junghundegruppe.

Dennoch gibt es Welpen, die einfach aufgrund ihrer bisherigen Erfahrungen, die sie bereits im eigenen Wurf gemacht haben, vorsichtig und skeptisch bleiben. Die Menschen sind häufig besorgt, da sie sich eigentlich gewünscht haben, dass sich der Welpe offen und sicher verhält. Doch immer wieder zeigt sich, dass sich die Geduld auszahlt. Diese braucht es, damit der Welpe selbst den ersten Schritt machen und

sich überwinden kann – auch wenn der Wunsch naheliegt, ihn einfach der Situation mit anderen Welpen auszusetzen, in der Hoffnung, dass „die das schon unter sich regeln".

Schwierig wird es, wenn der Welpe lernt, dass er sich selbst verteidigen muss und dass die anderen vom „in die Luft schnappen" und vom Bellen beeindruckt sind. Zudem ist es wichtig, dass der Welpe nicht in eine Situation gebracht wird, in der er zu schreien oder zu quieken anfängt. „Die regeln das unter sich" ist aus meiner Sicht absolut veraltet.

Der Mensch spielt die entscheidende Rolle, ob sich große und kleine Hunde verstehen lernen.

Wäre es dann nicht schlauer, einen Welpenkurs extra für kleine Rassen anzubieten? Tatsächlich habe ich sehr gute Erfahrungen mit einem deutschen Doggenwelpen in der Welpengruppe gemacht, der wie ein Magnet so anziehend war, dass sich sogar die Maltipoo Welpen (Verpaarung zwischen Malteser und Pudel), die von der Körpergröße um ein Vielfaches kleiner und zierlicher sind, Kontakt aufgenommen haben. Voraussetzung ist selbstverständlich, dass man den größeren Hund bremst, da er seine Kräfte noch nicht einschätzen kann und die körperlich unterlegenen Welpen nicht verletzen oder überrumpeln soll. Große Hunde können aber durchaus lernen, wie man mit kleineren Hunden spielt und vorsichtig mit ihnen umgeht.

In Bezug auf die Frage, ob eine Welpengruppe aus unterschiedlich großen Rassen bestehen darf oder sollte, kommt es auf das Konzept der Welpenfreilaufgruppe an. Entscheidend sind aus meiner Sicht weniger die Rassen. Wird es so gehandhabt, dass nicht alle Welpen gleichzeitig frei laufen dürfen, sondern immer nur jeweils zwei oder drei, die in der Größe und vom Charakter gut zusammen passen, handelt es sich aus meiner Sicht um das zielführendste Konzept. Alle Welpen loszulassen und zu warten, dass die das unter sich regeln, dagegen nicht, egal ob klein oder groß. Hinzu kommt, dass Welpen sehr schnell ermüden, sodass Spielpausen eingebaut werden müssen, damit die Welpen nicht grob oder sogar aggressiv miteinander umgehen. Trainer müssen dabei genau darauf achten, wann es für den jeweiligen Welpen zuviel wird und die Besitzer diesbezüglich anleiten.

Schließlich trifft man doch beim Spaziergang auch aufeinander. Wichtig ist auch als Besitzer eines großen Hundes zu wissen, dass kleine Hunde häufig ein Problem damit haben, von größeren, körperlich überlegeneren Hunden über den Haufen gerannt zu werden, denn das ist schlichtweg schmerzhaft.

Das schönste Feedback für mich ist es dann, wenn die Kunden staunen, wie viel es beim Freilauf von Hunden zu lernen gibt und wenn wir es schaffen, dass extrem unsichere Welpen aufblühen und Selbstvertrauen entwickeln.

Welpe und Katze –
wie funktioniert der Erstkontakt?

Öfter stellt sich bei frischgebackenen Welpenbesitzern die Frage, wie sie den Zuwachs am besten mit schon im Haus länger wohnhaften Katze bekanntmachen sollen.

Das wichtigste zuerst: Krallen in der Nase sind sehr schmerzhaft und können das nette Verhältnis binnen Sekunden zunichte machen. Jeder Hund und jede Katze ist anders. Ein vertrauensvolles Verhältnis ist von beiden Charakteren und dem sinnvollen Management im Alltag abhängig.

Hierzu eine kleine Geschichte: Herr Meier ist eigentlich ein ganz lieber Kater, allerdings gibt es bisher noch keine Erfahrungen, wie er auf andere Haustiere reagiert, da er bisher allein in seiner Familie gelebt hat. Nun zieht eine quirlige kleine Golden Retriever Dame namens Bella ein. An der Haustür treffen die bei-

Katzen sollten sich jederzeit an einen ruhigen Ort zurückziehen können.

den das erste Mal aufeinander. Bella ist ganz aufgeregt und stürmt auf Herr Meier zu. Dieser erschrickt, kann nicht nach oben flüchten und weiß sich nicht anders zu helfen, als die Krallen auszufahren. Bella quiekt, als die Krallen ihre Nase erwischen. Herr Meier nutzt den Moment und sucht das Weite. Bellas Schmerz ist schnell vorbei, jedoch nicht vergessen.

Am nächsten Morgen treffen sich Herr Meier und Bella in der Küche. Noch bevor Bella näherkommt, springt er auf die Arbeitsplatte. Bella traut sich vorsichtig näher heran und versucht an den Küchenschränken hochzuspringen. Dabei bellt sie laut und aufgeregt. Am Nachmittag liegt sie im Garten. Herr Meier schleicht sich aus der Terrassentür.

Plötzlich springt Bella auf und hechtet hinter Herr Meier her, der sich wieder ins Haus flüchtet. Da er es in der Panik nicht auf den Schrank schafft, versteckt er sich in der Ecke zwischen dem Sofa. Bella rennt auf die Ecke zu, setzt zum Sprung an und im letzten Moment stellt sich Frauchen dazwischen. Abends auf dem Sofa liegt Bella auf ihrem Platz auf der Decke. Herr Meier möchte auch auf das Sofa und schleicht sich von der Seite an. Während Herr Meier sich noch im Sprung auf das Sofa befindet, springt Bella nach vorn, knurrt und schnappt in die Luft. Herr Meier flüchtet in die Küche. Nun traut er sich nicht mehr ins Wohnzimmer, denn sobald er im Türrahmen sichtbar wird, knurrt Bella bedrohlich.

So oder so ähnlich habe ich es schon mehrfach erlebt. Ihr merkt, wie wichtig bereits der allererste Kontakt zwischen Hund und Katze ist. Doch wie meistert man den Erstkontakt? Hierzu ein paar Gedanken:

Damit Bella nicht so aufgeregt auf Herrn Meier zustürmen kann, kann eine Schleppleine helfen. Um den Fokus nicht auf Herrn Meier zu lenken, kann es helfen, Bella zunächst mit etwas zu beschäftigen, zum Beispiel durch das Werfen von kleinen Futterstückchen. Wichtig ist, die Futterstücke nicht in Herrn Meiers Richtung zu werfen, sondern stattdessen in Richtung eines anderen Raums. Beim Zurücklaufen kann Bella Herrn Meier bereits in Augenschein nehmen und verbindet die Situation mit etwas, das Spaß macht.

Zum Kennenlernen sucht man sich am besten einen Raum, welcher der Katze Möglichkeiten bietet, sich erhöht zu positionieren. Am besten hat die Katze in jedem Raum die Möglichkeit, eine erhöhte Position einzunehmen.

In den ersten Tagen solltet ihr euren Hund und eure Katze nicht aus den Augen lassen, damit keine ungewollten und unkontrollierten Begegnungen oder Konflikte entstehen.

Weder Bella noch Herr Meier sollten aber zu einem Kontakt gezwungen werden. Habt Geduld. Die Gewöhnung aneinander braucht Zeit.

Katzen verleiten Hunde häufig ungewollt zu einem Jagdspiel. Um deinem Welpen beizubringen, dass man Katzen im Haus nicht jagt, ist der Aufbau der Grundsignale entscheidend, wie beispielsweise ein guter Rückruf, sowie die Fähigkeit des Hundes, sich selbst beherrschen zu können und Bewegungsreize auszuhalten. Viele Trainer bieten Hausbesuche an und können individuell vor Ort in solchen Situationen unterstützen. Daher ist es in jedem Fall sinnvoll, eine Welpenschule zu besuchen, um die Grundsignale wie den Rückruf, aber auch das Aushalten von Bewegungsreizen zu lernen und bei Bedarf Unterstützung vor Ort bei speziellen Fragen zu erhalten.

Beobachte die Körpersprache deiner Katze genau. Fühlt sie sich unwohl, ermögliche ihr den Rückzug und eine entspannte Umgebung.

DIE PASSENDE AUSRÜSTUNG

Geschirr oder Halsband für den Welpen?

Ob ein Hund ein Halsband oder Geschirr tragen soll oder lieber ohne unterwegs ist, ist ein Thema, welches viele Menschen mit einem Welpen verunsichert. Einer der ersten Ansprechpartner ist häufig der Züchter. Nicht selten berichten mir Kunden, dass der Züchter dringend vom Tragen eines Geschirrs abgeraten hat. Frage ich nach dem Grund für diesen Rat, erhalte ich häufig keine schlüssige Antwort. Manchmal ist die Begründung, dass ein Geschirr gesundheitliche Folgen für den Hund haben kann.

Tatsächlich stößt das Tragen eines Geschirrs, aber auch das Tragen eines Halsbandes bei Hunden auf unterschiedliche Begeisterung. Öfter treffe ich erwachsene Hunde, die sich ungern das Geschirr anziehen lassen und Unwohlsein zeigen, solange sie es tragen. Möchte man das Geschirr anlegen, verstecken sie sich unter dem Tisch oder drehen sich im Kreis. Im Training schütteln sie sich dann häufig oder kratzen sich ständig. Dennoch treffe ich in der Mehrzahl auf Hunde, die das Geschirr oder Halsband ähnlich entspannt tragen wie ich meine Brille.

Grundsätzlich sind das Halsband, das Geschirr und ähnliche Hilfsmittel im Training immer dann kritisch zu sehen, wenn Druck durch Zug an der Leine entsteht. Wird Zug auf das Halsband ausgeübt, kann das Auswirkungen auf wichtige innere Organe wie das Nervensystem, die Schilddrüse, Gelenke und Wirbel haben. Durch den Druck auf die Luftröhre kann es sogar zu krankhaften Veränderungen in der Lunge kommen.

Bei einem Geschirr soll der Druck grundsätzlich auf eine größere Fläche und den Brustkorb verteilt werden. Voraussetzung ist, dass es gut sitzt. Aber auch die Art des Geschirrs hat einen wesentlichen Einfluss auf die Druckverteilung. Geschirre kann man ganz grob in zwei Arten unterteilen: Zum einen gibt es Geschirre mit Schulterriemen, zum anderen solche mit Brustriemen.

Auf den beiden Abbildungen sind die Unterschiede zu erkennen. Das Geschirr mit Schulterriemen besteht aus zwei Riemen, welche jeweils den Hals und den Brustkorb umschließen. Diese sind durch einen Riemen am Rücken und am unteren Brustkorb miteinander verbunden. Die Zeichnung verdeutlicht, dass diese Geschirre weniger Druck auf das Schulterblatt und das Schultergelenk ausüben, da sich der Druck durch Zug an der Leine weitestgehend gleichmäßig auf den Brustkorb verteilt und nicht auf das Schulterblatt drückt.

Das Geschirr mit Brustriemen verläuft quer über das Schultergelenk und die Schulter. Hierdurch wird die Schulter des Hundes in ihrer Bewegungsfreiheit eingeschränkt. Bei der Fortbewegung schwingt das Schulterblatt des Hundes mit und bewegt sich hin und her. Ein dauerhafter Einsatz eines solchen Geschirrs ist eher abzulehnen, da es durch den permanenten Druck auf die Schulter und das Schultergelenk zu gesundheitlichen Folgen kommen kann.

Da Welpen in der Regel noch nicht an lockerer Leine laufen können und dennoch erste Wege gemeinsam zurückgelegt werden müssen, empfehle ich, den Welpen an ein Geschirr mit Schulterriemen zu gewöhnen und ihn daran anzuleinen, da der Zug der Leine auf das Halsband noch nicht verhindert werden kann. Beispielsweise ist der Weg vom Auto auf das Trainingsgelände, auf dem die Welpenschule stattfindet, für viele Welpen beim ersten Mal zunächst eine Herausforderung. Der Ort ist neu, es gibt unheimlich viele Gerüche zu erschnüffeln und dann sind da auch noch andere fremde Welpen und Menschen.

Für das spezielle Training der Leinenführigkeit kann man dann in den Trainingssequenzen auch ein Halsband für die Leinenführigkeit nutzen, da der Hund lernt, an lockerer Leine zu laufen und kein ständiger Zug auf das Halsband stattfindet. Solange die Leinenführigkeit im Alltag noch nicht klappt, sollte der Hund nicht am Halsband geführt werden. Insbesondere Halsbänder, die beim Hund zu Schmerzen führen, sind absolut abzulehnen. Hierzu gehören beispielsweise Stachelhalsbänder oder auch Halsbänder, die keinen Zugstopp besitzen und sich bei Zug durch die Leine ungehindert zuschnüren können. Das Halsband sollte außerdem nicht zu schmal gewählt werden. Für die passende Auswahl eines Geschirrs und eines Halsbands empfehle ich, ein Geschäft für die Ausrüstung von Hunden aufzusuchen, verschiedene Varianten vor Ort anzuprobieren und die Beratung durch eine geschulte Person in Anspruch zu nehmen.

Während einige Welpen bereits an das Geschirr gewöhnt sind, kennen andere weder Geschirr noch Halsband. Zusätzlich zum Stress und der Aufregung in der neuen Umgebung muss sich der Welpe auch noch damit auseinandersetzen, dass Zug auf den Hals entsteht. Dies kann dazu führen, dass er das Tragen des Halsbands oder des Geschirrs als höchst unangenehm empfindet, wenn er noch nicht daran gewöhnt ist.

Einen großen Einfluss auf die Gelassenheit der Welpen haben hierbei bereits der Züchter oder die Menschen, bei denen er die ersten acht Wochen verbringt. Lernt der Welpe das Tragen eines Geschirrs und eines Halsbands bereits in den ersten Lebenswochen kennen, hat er es in der neuen Familie bereits viel leichter. Spätestens in der neuen Familie sollte die Gewöhnung an das Tragen eines Geschirrs schrittweise erfolgen.

Neben der Gewöhnung an das Tragen von Geschirr und Halsband spielt insbesondere das An- und Ausziehen eine große Rolle. Den Kopf durch etwas hindurchzustecken, das muss man erst mal lernen!

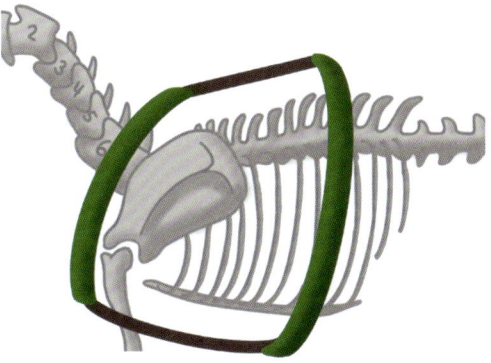

So sollte ein Geschirr mit Schulterriemen sitzen.

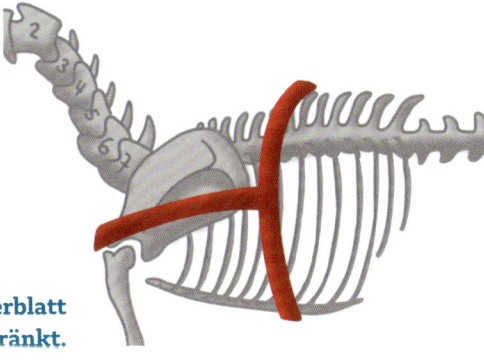

Beim Geschirr mit Brustriemen ist das Schulterblatt in seiner Bewegung eingeschränkt.

Wie gewöhne ich meinen Welpen an das An- und Ausziehen des Halsbands und des Geschirrs?

Beginne mit der Gewöhnung des An- und Ausziehens bereits, bevor du mit deinem Welpen nach draußen musst. Nimm dir extra Zeit für die Gewöhnung. Die Trainingssequenzen können dabei ganz kurz sein.

Damit dein Welpe den Kopf von alleine durch das Geschirr steckt, kannst du dir leckere Futterstücke als Belohnung zur Hilfe nehmen.

Halte das Geschirr so, dass dein Welpe in der Lage ist, den Kopf hindurchzustecken. Deine Hand steckst du durch die Öffnung und hältst deinem Welpen das Futterstück vor die Nase. Während er versucht, das Futterstück aus deiner Hand zu fressen, ziehst du die Hand langsam zurück, sodass dein Welpe ganz langsam den Kopf durch die Öffnung des Geschirrs stecken muss. Ist dein Welpe vorsichtig, belohne ihn bereits für den Versuch und erwarte noch nicht, dass er den ganzen Kopf hindurchsteckt. Durch mehrfache Wiederholung wird er sich immer mehr trauen, seinen Kopf hindurchzustecken.

Es gibt auch Geschirre, die so angezogen werden, dass der Welpe die Füße durch die Öffnungen stecken muss und nicht den Kopf. Vielen Welpen fällt das sehr viel leichter. Sobald du deinem Welpen das Geschirr ohne Druck anziehen kannst, kannst du das Tragen des Geschirrs verlängern. Ein hilfreicher Trick ist, das Tragen des Geschirrs mit etwas Angenehmen zu verknüpfen. Du kannst deinen Welpen beispielsweise nach dem Anlegen des Geschirrs füttern oder ihr startet ein gemeinsames Spiel.

Um deinen Welpen an das Tragen der Leine zu gewöhnen, kannst du bereits im Haus eine kurze Leine am Geschirr befestigen. Diese kannst du zunächst locker in der Hand halten oder über den Boden gleiten lassen. Wichtig ist, dass dein Welpe nirgends hängen bleibt. Die Geräusche, welche die Leine beim Schleppen über den Boden macht, können deinen Welpen verunsichern. Verknüpfe diese Situation erneut mit etwas Angenehmen, wie beispielsweise das Suchen von Futterstückchen.

Das Anziehen und Ausziehen des Halsbands kannst du auf dieselbe Art üben, viele Hunde finden das Anziehen des Halsbands leichter.

Sind Hunde farbenblind?

Im Training ist es häufig sehr wichtig, dass wir uns in die Fähigkeiten und die Wahrnehmung unserer Hunde hineinversetzen. Nicht nur, wenn es um das Thema Kommunikation geht, auch in Bezug auf das Farbsehen gibt es zwischen Menschen und Hunden gravierende Unterschiede.

Damit wir Menschen und auch unsere Hunde überhaupt etwas sehen können, benötigen wir lichtempfindliche Zellen, die sich auf unserer Netzhaut im Auge befinden. Hierbei unterscheidet man Stäbchen und Zapfen, entsprechend ihrem Aussehen. Mithilfe der sogenannten Stäbchen können wir in der Dunkelheit Umrisse besser erkennen, während wir mithilfe der Zapfen bei Tageslicht Farben voneinander unterscheiden können. In der Regel lassen sich bei uns Menschen drei unterschiedliche Typen von Zapfen unterscheiden, die dafür sorgen, dass wir das uns bekannte Farbspektrum sehen können. Diese drei Zapfentypen erkennen vorrangig die Farben blau, grün und rot.

Es gibt Tierarten beziehungsweise Insekten, die sogar fünf verschiedene Typen von Zapfen haben und deshalb viel mehr Farben sehen als wir, zum Beispiel Ultraviolett. Der Hund allerdings hat nur zwei verschiedene Typen von Zapfen, das heißt, er kann zwar Farben sehen, aber weniger Farben insgesamt als wir. Diese beiden Zapfentypen erkennen vorrangig blau und rot, das heißt gut zu erkennen sind für den Hund die Farben blau und lila, insbesondere auf grauem oder grünem Hintergrund.

Spannend für unser Hundetraining wird es dann, wenn wir Spielzeug, Apportiergegenstände oder andere Trainingsmaterialien nutzen. So kann ein Wurfball, der aus unserer Sicht eine gelbe Farbe hat und im Gras liegt, für den Hund viel schlechter mit den Augen zu finden sein. Die Farbe des Wurfballs sollte sich aus Hundesicht von der Farbe der Grashalme deutlich unterscheiden, damit der Hund den Gegenstand mit den Augen wiederfindet. Ansonsten ist es für den Hund so ähnlich, als wenn wir unseren Schlüssel im Gras verlieren und danach suchen müssten.

In Bezug auf Bewegungsreize sind unsere Hunde uns gegenüber aber deutlich im Vorteil, denn sie sehen Bewegungen viel schneller und besser als wir. Außerdem nehmen Hunde pro Sekunde deutlich mehr Einzelbilder wahr als wir Menschen. Während wir Menschen die Welt also mit einer niedrigeren Bildfrequenz im Sinne eines älteren Zeichentrickfilms wahrnehmen, sieht der Hund die Welt als Blockbuster mit einer schnellen Bildfrequenz.

Glücklicherweise können Hunde ja auch noch ihren Geruchssinn einsetzen. Hierbei kann man bei Hunden Unterschiede beobachten. Manche Hunde tendieren eher dazu, ihre Nase einzusetzen, andere suchen vermehrt mit den Augen. Wichtig für unser Training ist es jedoch, die Farben zu berücksichtigen, weil wir hierüber den Schwierigkeitsgrad unserer Übung beeinflussen können. Sonst wundert man sich vielleicht, warum der Hund den roten Ball im Gras nicht findet oder so lange zum Suchen braucht, während er den blauen Futterbeutel immer gleich entdeckt.

Auch beim Überwinden von Hindernissen sollte man die Farben im Training berücksichtigen. Blaue Sprünge können dabei leichter überwunden und Entfernungen abgeschätzt werden als beispielsweise grüne Sprünge.

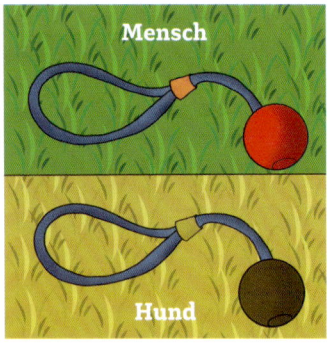

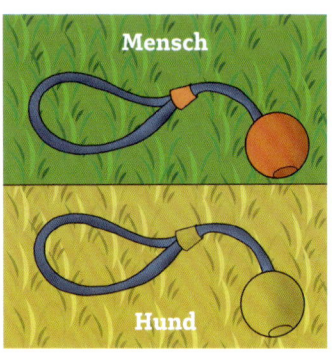

Rot und Grün können Hunde einigermaßen unterscheiden.

Orange kann der Hund von Grün kaum unterscheiden.

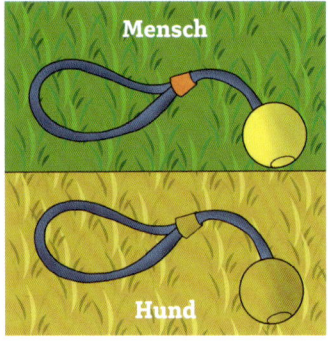

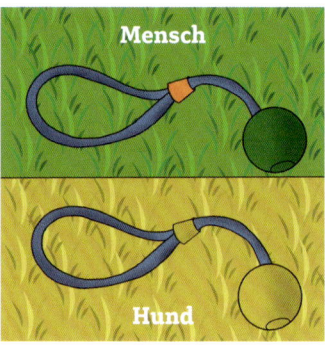

Gelb und Grün können Hunde nicht unterscheiden.

Dieser Gegenstand ist für einen Hund mit den Augen schwer zu finden.

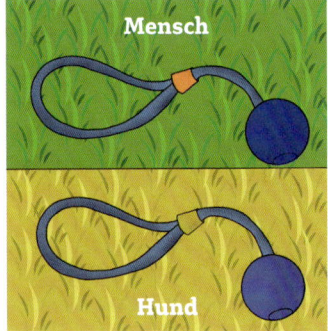

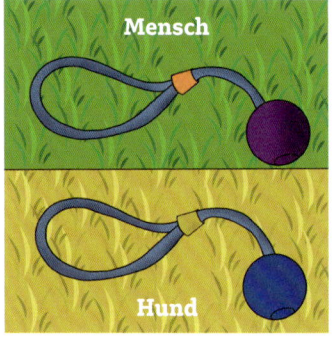

Blau können Hunde sehr gut von Grün unterscheiden.

Lila kann gut von Grün unterschieden werden.

Brauche ich eine Transportbox für das Auto?

Die Autofahrt ist für manche Hunde absolut unproblematisch, sie schlafen, sind entspannt und verhalten sich ruhig. Andere Hunde rasten im Auto völlig aus und die Menschen haben große Schwierigkeiten, sie sicher im Auto zu transportieren.

Laut der Straßenverkehrsordnung hat der Autofahrer dafür zu sorgen, dass der Hund, im Sinne einer Ladung, so gesichert wird, dass er nicht zum „Wurfgeschoss" im Auto wird und Menschenleben gefährdet. Dabei ist dem Autofahrer überlassen, ob der Hund mithilfe eines Geschirrs und Gurtes angeschnallt, in einer Transportbox untergebracht oder im Kofferraum mithilfe eines fest eingebauten Gitters transportiert wird, sodass er bei einem Unfall oder einer starken Bremsung nicht in den vorderen Teil des Autos gelangt.

Bei der Frage, wie der Hund nun am besten im Auto transportiert wird, sind zwei Aspekte zu berücksichtigen: Zum einen die Sicherheit und Verletzungsgefahr des Hundes, zum anderen die Sicherheit und Verletzungsgefahr des Menschen.

Die Kräfte, die bei einer Bremsung wirken, können leicht unterschätzt werden. Schaut man sich entsprechende Crashtests verschiedener Anbieter an, wird die gewaltige Krafteinwirkung auf den Hund deutlich.

Es gibt verschiedene Testberichte über die unterschiedlichen Möglichkeiten, einen Hund sicher im Auto zu transportieren. Viele Faktoren spielen eine Rolle, beispielsweise die Größe des Autos, dessen Form und Kofferraumgröße, die Art des Aufpralls beim Verkehrsunfall, aber auch die Größe des Hundes.

Beim Bremsvorgang kann der Hund sich schwer verletzen und zu einem lebensgefährlichen Wurfgeschoss für den Menschen werden.

Wird der Hund auf dem Rücksitz mithilfe eines Geschirrs und eines Anschnallgurtes befestigt, ist zu prüfen, ob der Gurt beim Aufprall des Autos standhält und den Hundekörper an Ort und Stelle hält. Je nach Befestigung kann der Hund dabei unter den vorderen Sitz gedrückt werden. Die Kräfte, die dann auf das Geschirr und den Hund einwirken, können zu schweren Verletzungen des Hundes führen.

Alternativ kann eine Hundebox auf dem Rücksitz oder im Kofferraum befestigt werden. Die Anzahl an Transportboxen für das Auto ist sehr groß und es können Qualitätsunterschiede festgestellt werden. Wichtig ist, dass die Box gut befestigt ist und sich im Auto nicht bewegt. Außerdem sollte die Transportbox für den Hund nicht zu groß sein, damit er beim Aufprall nicht zu stark durch die Box geschleudert wird und besseren Halt findet.

Wird der Hund im Kofferraum ohne Transportbox untergebracht, muss ein fest eingebautes Gitter dafür sorgen, dass der Hund beim Aufprall nicht in den vorderen Bereich des Autos befördert wird. Bei einem Hund mit einer kleineren Körpergröße sollte eine Transportbox verwendet werden, damit die Verletzungsgefahr beim Aufprall nicht so groß ist.

Die Unterbringung im Auto ist also eine individuelle Entscheidung: Crashtests vom ADAC oder der Stiftung Warentest können hilfreiche Informationen liefern.

Welche Pfeife ist die passende für mich und meinen Hund?

Eine Pfeife kann im Training eine sinnvolle Ergänzung zum Aufbau des Rückrufs sein, insbesondere dann, wenn die Geräusche aus der Umwelt sehr laut sind (starker Wind) oder sich der Hund auf großer Distanz zu mir befindet.

Damit sich dein Hund aber in jeder Lebenslage abrufen lässt und motiviert zu dir zurückkommt, ist es wichtig, das Signal, sowohl das gesprochene Wort oder den Pfeifton, zu konditionieren, also einfach gesagt zu verknüpfen. „Düüüüüt" heißt dann: Komm sofort zu mir zurück.

Aber das Zurückkommen muss sich dann für den Hund auch lohnen. Denn wann rufen wir unseren Hund häufig zurück? Vorwiegend dann, wenn er irgendwas Spannendes gefunden hat. Kein Wunder, dass er da bald nicht mehr so gerne auf Zuruf kommt.

Braucht jeder Hundemensch eine Pfeife? Nein. Die Pfeife kann sehr hilfreich sein, wenn man seinen Hund aus großer Distanz rufen möchte. Außerdem kann es einem Hund leichter fallen, den außergewöhnlichen Pfiff von allen anderen gesprochenen Signalen zu unterscheiden, sodass er das Signal auch in höherer Ablenkung wahrnehmen kann.

Ein Trugschluss ist es, zu glauben, dass die Pfeife beim Hund wie angeboren funktioniert. Das ist nicht der Fall, der Rückpfiff muss genauso wie jedes andere Signal in kleinen Schritten aufgebaut werden. Häufig kommt ein Hund, der den Pfiff noch nicht kennt, aus Neugier zum Menschen zurück, wenn dieser den Pfiff das erste Mal benutzt. Wird dieser

Pfiff dann aber nicht konditioniert und das Zurückkommen belohnt, wird der Hund unter größerer Ablenkung das Signal nicht befolgen und nicht zurückkommen.

Es gibt auch Nachteile beim Einsatz der Pfeife im Training: Man kann sie immer dabeihaben. Daher ist es wichtig, den Hund nicht ausschließlich auf die Pfeife zu trainieren, sondern gleichzeitig ein Rückrufwort und Sichtzeichen zu etablieren.

Schauen wir uns einmal die gängigsten Pfeifen an, die es so zu kaufen gibt. Aus meiner Sicht ist es sinnvoll, die Pfeifen entsprechend ihres Tons grob in drei Kategorien einzuteilen:

1. Gleichbleibender geeichter Ton oder Töne

2. Hochfrequenter Ton, sodass nur der Hund den Pfiff hören kann und nicht der Mensch

3. Trillerton

Von diesen drei Kategorien ist die erste aus Trainingssicht am sinnvollsten. Der Vorteil dieser Pfeife ist nämlich, dass sie ihren Ton nicht verändert, auch nicht bei schlechtem Wetter oder über die Jahre hinweg. Der Ton, auf den der Hund konditioniert wurde, bleibt immer derselbe. Auch die Emotion des Menschen kann nicht auf den Ton der Pfeife übertragen werden. Der Mensch kann also nicht wütend pfeifen. Sollte die Pfeife einmal verloren gehen, kann außerdem derselbe Ton nachgekauft werden. Hunde reagieren sehr sensibel und können abhängig von der Tonhöhe verschiedene Signale lernen.

Verändert sich die Tonlage deiner Pfeife, könnte dies ein Grund dafür sein, dass dein Hund auf dieses Signal nicht mehr reagiert. Insbesondere Schäfer setzen sogar Pfeifen im Training ein, die mehrere geeichte Töne erzeugen können. Hierüber lassen sich die Hunde beim Hüten sehr gut steuern.

Die zweite Kategorie beschreibt sogenannte Hochfrequenzpfeifen, die manchmal sogar extra als Hundepfeifen gekennzeichnet werden. Die Tonhöhe ist so hoch, dass nur Hunde diesen Ton hören können. Ein Nachteil dieser Pfeifen ist, dass wir als Menschen nicht überprüfen können, ob die Pfeife überhaupt einen Ton erzeugt hat.

Theoretisch könntest du auch eine Trillerpfeife für den Rückruf nutzen. Diese Pfeifen sind nicht geeicht, der Ton kann sich also verändern. Außerdem erzeugen sie einen ziemlich schrillen Ton. Sehr sensible Hunde könnten vor diesem Ton zurückschrecken. Achte also darauf, dass deine Pfeife durch eine Zahl gekennzeichnet ist, damit du sicher sein kannst, dass der Ton immer derselbe ist und du damit die optimalen Voraussetzungen schaffst, dass dein Hund den Ton damit verknüpft zu dir zurückzukommen.

Die geeichte Pfeife ist durch eine Zahl gekennzeichnet.

Hochfrequente Pfeifen können Menschen nicht hören.

Trillerpfeifen sind für das Hundetraining weniger geeignet.

DIE ERSTEN WOCHEN MIT EINEM WELPEN

Die erste Autofahrt nach Hause

„Ich möchte bald meinen Welpen vom Züchter abholen. Der Züchter sagt, da der Welpe bereits an die Box gewöhnt ist, soll er in eine Box im Kofferraum oder auf die Rückbank. Ich würde den Welpen lieber bei der ersten Fahrt auf den Schoß oder in den Fußraum nehmen, während mein Mann das Auto fährt. Der Züchter sagt, das führe aber dazu, dass der Welpe lernt im Auto zu quengeln und dass er dann immer vorne sitzen will. Was ist denn nun richtig?"

Zuallererst: Jeder Hund und jeder Welpe ist anders. Es gibt selbstbewusste Welpen, die überhaupt keinen Stress damit haben, Auto zu fahren. Es gibt aber auch unsichere Welpen, die insbesondere nach der Trennung von den Wurfgeschwistern und der Mutterhündin unter der Trennung leiden und jammern.

Tatsächlich gibt es Hunde, die bereits in der Welpenzeit gelernt haben, dass Jammern eine erfolgreiche Strategie ist, um ihren Willen durchzusetzen. Ich erinnere mich konkret an einen Kundenfall, den kleinen Terriermischling Julien, der sehr penetrant und mit einer großen Ausdauer einen bettelnden Laut von sich gab, wenn er warten musste und keine Aufmerksamkeit bekam.

Die Sorge, dass ein Welpe schlechte Manieren lernt und im Alltag zu einem echten Problemfall wird, ist durchweg unberechtigt. Die Bedeutung der ersten Autofahrt, die meistens noch viel zu lange dauert, ist erfahrungsgemäß sehr gering für späteres forderndes Verhalten im Alltag. Damit ein Welpe wirklich problematisches Verhalten entwickelt, bedarf es erfahrungsgemäß mehr als eine Autofahrt.

In den ersten Wochen lernt der Welpe unheimlich viele neue Reize kennen, dazu gehört dann auch Schritt für Schritt das Autofahren. Daher sollte man das Autofahren erst einmal in kleinen Schritten trainieren, sodass der Welpe langsam und mit etwas Zeit lernen kann, dass das Autofahren nichts Schlimmes ist. Am Tag der Abholung wird der Welpe das erste Mal von seinen Eltern und Geschwistern getrennt. Dies ist eine sehr stressige Situation. Sollte die Autofahrt dann auch noch länger dauern, weil das Zuhause einige Kilometer entfernt liegt, stellt das schon eine große Herausforderung dar. Vielen Welpen hilft es, wenn sie dann nicht ganz allein auf großer Distanz zum Menschen im Kofferraum sitzen müssen, sondern Sicherheit durch die körperliche Nähe der neuen Familie bekommen können.

Die erste lange Autofahrt sollte man deshalb am besten so angenehm wie möglich gestalten und den nahen Körperkontakt zulassen. Sobald sich der Welpe im neuen zu Hause gut zurechtgefunden hat, kann man mit dem Autotraining starten und die Autofahrten, die sich nicht vermeiden lassen, weiterhin so kurz und angenehm wie möglich gestalten.

Oftmals müssen sich Welpen während der ersten Fahrten mit dem Auto übergeben. Dies ist auf den Gleichgewichtssinn zurückzuführen. Je besser der Welpe an das Autofahren gewöhnt ist, desto seltener tritt die Übelkeit auf.

Eine gute Möglichkeit für das erste Training im Auto ist, sich gemeinsam mit dem Welpen ins Auto zu setzen, ohne den Motor zu starten. Der Welpe kann hierbei lernen, sich an das Auto zu gewöhnen. Es können dann auch die bereits gelernten Grundsignale wie Sitz und Platz geübt werden. Wichtig ist, kleine Trainingsschritte zu erzielen und die Trainingseinheiten kurz zu gestalten. Besser ist es, mehrmals am Tag das Ein- und Aussteigen in das Auto für ein paar Minuten zu üben. Später können dann auch das Starten des Motors ins Training mit aufgenommen werden sowie die ersten kurzen Fahrten im Auto.

Das Autofahren in einer Transportbox muss in kleinen Schritten geübt werden.

Was tun, wenn mein Welpe in Füße oder Hände beißt?

Josi ist eine fünfzehn Wochen alte Airedale Terrier Hündin und lebt seit vier Wochen bei ihrer neuen Familie. Anne und Klaus haben sich für einen Welpen entschieden, um von Anfang an alles richtig zu machen. Eigentlich funktioniert auch alles, Josi schläft bereits durch, kann die Grundsignale Sitz und Platz und wartet beim Füttern brav, bis Anne ihr das Zeichen gibt, dass sie fressen darf.

Doch manchmal kriegt Josi einfach ihre wilden fünf Minuten. Insbesondere abends, nachdem Klaus noch einmal mit ihr spazieren gewesen ist, sie wild miteinander gespielt haben und

Dass Welpen in die Hände beißen, kommt häufig vor.

Josi bereits ihre letzte Mahlzeit für den Tag gefressen hat, dreht sie nochmal so richtig auf.

Anne versucht dann, sie zu beruhigen. Das Problem dabei: Egal was Anne versucht, Josi fängt an, in Annes Arme zu beißen. Da Josi noch nicht im Zahnwechsel ist, sind ihre Zähne ziemlich spitz und es tut schon ganz schön weh, wenn sie zwickt. Wenn Anne aufsteht und in einen anderen Raum zu gehen versucht, läuft Josi hinterher und schnappt in Annes Füße. Man könnte denken: Na ja, Josi ist doch noch ein Welpe, das wächst sich raus. Die Erfahrung zeigt jedoch: wenn keinerlei Strategie gefunden wird, dem Welpen die Beißhemmung beizubringen, kann es, je größer der Welpe wird, sogar gefährlich werden.

Was können Anne und Klaus tun, damit sich Josi beruhigt?

Tipp1: Unbewusste Verstärkung abbauen:

Immer wenn wir ein Verhalten beobachten, das unerwünscht ist, sollten wir zunächst einmal schauen, in welchen Alltagssituationen wir dieses Verhalten verstärken. Das heißt im Klartext: Josi darf nicht mehr gestreichelt werden, wenn sie überdreht ist und versucht, in Menschenhände oder Füße zu beißen. „Ja, das passiert ganz oft, wenn ich Josi streicheln will. Sie liegt dann auf der Seite und sobald ich sie streichele, knabbert sie erst vorsichtig an meinen Fingern und plötzlich wird es dann aber schnell schmerzhaft für mich". Wichtig ist, das Streicheln zu unterbrechen, sobald Zähne im Spiel sind, damit Josi lernt, dass sie ihre Zähne nicht im Spiel benutzen soll.

Tipp 2: Beißhemmung muss erst gelernt werden:

Welpen können die Beißhemmung durch die Mutterhündin und die Wurfgeschwister lernen, dennoch bleibt es die Aufgabe der neuen Familie, die Beißhemmung weiter zu trainieren. Mit dem Begriff der Beißhemmung ist gemeint, dass der Hund in der Lage ist, seine Zähne vorsichtig einzusetzen, ohne das Gegenüber zu verletzen.

Mithilfe des Trainings von Pausen kann man üben, den Erregungsstand des Hundes immer wieder zu senken. Hierzu kann man beispielsweise ein Futtersuchspiel mit Josi beginnen. Bevor Josi die Lust verliert oder aber in der Erregung zu hochfährt, beendet Anne die gemeinsame Beschäftigung, indem sie das Futter zur Seite legt, „Pause" sagt und sich mit etwas anderem beschäftigt. Nach kurzer Zeit setzt Anne die Übung fort. Nach zwei, drei Übungen sagt sie wieder „Pause" und legt das Futter zur Seite.

Tipp 3: Tagesablauf strukturieren und Ruhezeiten üben:

Häufig sind wir Menschen froh, wenn der Welpe sich endlich ausruht und schläft. Welpen sollten sich bis zu 20 Stunden ausruhen und regenerieren. Doch die meisten Welpen würden, wenn man sie lässt, viel mehr unternehmen und sich viel seltener ausruhen. Ein überdrehter Welpe schafft es kaum, sich selbst zurückzunehmen und sich auszuruhen. Hier ist es sinnvoll, den Tagesablauf neu zu strukturieren und ganz klare Zeiten für Pausen einzuführen. In diesen festgelegten Zeiten wird nicht gespielt und der Welpe nicht beschäftigt. Rituale können helfen, zur Ruhe zu kommen, ähnlich wie die Gute-Nacht-Geschichte bei Kindern.

Woran erkenne ich eine gute Welpenschule?

Als Hundetrainerin werde ich oft zur Hilfe gerufen, wenn es um Themen wie Aggressionsverhalten im eigenen Zuhause, Aggressionsverhalten gegenüber Artgenossen oder auch um die Verhaltenstherapie von Angst und problematischem Verhalten geht.

Die Ursachen liegen sehr häufig darin, dass der Hund im Welpenalter schlechte oder zu wenig positive Erfahrungen mit den verschiedensten Umweltreizen sammeln konnte.

Glücklicherweise entwickeln wir uns gesellschaftlich in Sachen Hundeerziehung weg von Ansichten wie: „Die regeln das unter sich!"

Viele Hundeschulen setzten im Welpenkurs bereits folgende Schwerpunkte:

- Die Schulung des Sozialverhaltens gegenüber Artgenossen

- Die Gewöhnung an Umweltreize

- Den Aufbau der wichtigsten Grundsignale

Leider zeigt sich heutzutage bei vielen Hunden, die mit Verhaltensproblemen ins Training kommen, dass diese Ziele in den ersten Lebensjahren nicht erreicht wurden.

Damit diese Ziele erreicht werden können, ist es von größter Wichtigkeit, dass kein unkontrolliertes Miteinander stattfindet, bei dem der Stärkere gewinnt. Die betreuenden Trainer sollten die Aufgabe erfüllen, den menschlichen Teilnehmern Wissen über die Körpersprache zu vermitteln, damit der jeweilige Besitzer einschätzen kann, wann es dem eigenen Hund gut geht, er sich wohlfühlt, oder aber das „Spiel" miteinander unterbrochen werden muss.

Wie erkenne ich eine gute Welpenschule?

- Mensch und Hund sollten einen harmonischen Umgang miteinander lernen.
- Die Erfahrungen, die der Welpe in der Hundeschule sammelt, fördern einen angstfreien und freundlichen Umgang mit anderen Hunden und Menschen.
- Der Welpe lernt Höflichkeitsregeln im Umgang mit Menschen und anderen Hunden.
- Der Welpe lernt bereits im Kurs Frustration und Bewegungsreize auszuhalten und wird dafür belohnt.
- Die Beißhemmung wird geschult.
- Der Welpe lernt verschiedene Strategien kennen, um mit potenziellen Konflikten und Problemen umzugehen.

Für mich gibt es fünf Qualitätsmerkmale, die eine gute Welpenschule erfüllt.

1. Alter der Welpen

Damit die Welpen Spielpartner treffen, die körperlich und mental gut passen, sollten an der Welpenfreilaufgruppe ausschließlich Welpen teilnehmen. Souveräne erwachsene Hunde können einen positiven Einfluss auf die Erziehung der Welpen nehmen und für die Teilnahme am Freilauf geeignet sein. Hunde, die sich bereits in der Pubertät befinden, neigen dazu, bereits sehr körperlich und unhöflich miteinander umzugehen. Gerade für Welpen, die noch leicht traumatisiert werden können, sind gemischte Gruppen verschiedenen Alters von Nachteil.

2. Beobachtung von Körpersprache und Ausdrucksverhalten

Die emotionale Verfassung der Welpen ist durch geschulte Trainer an der Körpersprache zu erkennen. Es sollten nicht nur tapfere Welpen, sondern auch überforderte, ängstliche und gestresste Welpen gefördert werden und individuell auf diese eingegangen werden. Der Trainer vermittelt dieses Wissen und schult die Menschen darin, die Körpersprache und das Ausdrucksverhalten lesen zu lernen. Hierzu gehört auch, zu erkennen, welche Hundekontakte nützlich oder aber schädlich für die Entwicklung des Welpen sind und wann das Miteinander unterbrochen werden muss.

3. Hund-Hund-Kontakte sowie Mensch-Hund-Kontakte

Das gemeinsame Miteinander der Welpen ist nicht immer durch Spielverhalten gekennzeichnet. Es besteht die Gefahr von Mobbing und Streitigkeiten. Der Wechsel zwischen Spiel und Streit kann innerhalb von Sekunden erfolgen und schnelles Handeln gefragt sein. Hierbei sollten alle Beteiligten den netten Umgang miteinander lernen. Dabei sollte der Fokus nicht auf Strafmaßnahmen wie Zwang, Bedrohung und Schreckreizen liegen, da diese zu Angst, Schmerzen und dem Gefühl von Hilflosigkeit führen können. Eine gute Möglichkeit, um das Aushalten von Bewegungsreizen zu fördern sowie Wut und Frust abzubauen, ist das Einbauen von vielen Spielpausen. Sind die Welpen ruhig und gelassen, kann man dieses Verhalten sehr gut mit der nächsten Spielsequenz belohnen. Belohnung wirkt viel nachhaltiger als Strafe und Zwang. Im Freilauf sammeln die Welpen die ersten Kontakte zu fremden Menschen, nämlich den anderen Welpenbesitzern. Diese sollten freundlich auf die fremden Welpen reagieren und einschätzen lernen, ob der fremde Welpe möglicherweise unsicher im Kontakt mit fremden Menschen ist. Durch eine nicht bedrohliche Körperhaltung und über den Kontakt anderer Welpen können zusätzlich positive Erfahrungen mit fremden Menschen gesammelt werden.

4. Gesundheitskontrolle

Das körperliche Unwohlsein ist eine häufige Ursache für negative Verknüpfungen und schlechte Lernerfahrungen. Der Trainer sollte auf Nasenausfluss, Fieber, Husten, Hautprobleme, starken Juckreiz und Durchfall achten und betroffene Welpen nicht an der Welpenschule teilnehmen lassen, bis sie wieder gesund sind.

5. Umweltreize sowie Balance und Gleichgewichtssinn

Hier darf man kreativ werden: Regenschirme, Mäntel, Sonnenbrillen, fremde Menschen, Kinder, Tunnel, Welpenwippe und viele andere Reize. Das vorrangige Ziel: entspannt auf Alltagsreize reagieren, bei gleichzeitigem körperlichem und emotionalem Wohlbefinden. Um dieses Ziel zu erreichen, sollten belohnungsbasierte Trainingswege genutzt werden und keine Angst und Schrecken oder Schmerzen erzeugenden Trainingsmethoden. Begib dich frühzeitig auf die Suche nach einer guten Welpenschule. Hierbei sollten nicht die Nähe und die Kosten im Vordergrund stehen, sondern das Ziel, dem Welpen einen positiven Start ins Leben zu ermöglichen. Die Welpenzeit hat einen erheblichen Einfluss auf die soziale und emotionale Entwicklung des Welpen. Negative Erlebnisse können bereits einen sehr nachhaltigen Einfluss haben.

Unsichere Hunde brauchen den Schutz ihrer Menschen.

Wieso sollte der Fokus einer Welpenschule nicht nur auf dem Spiel der Welpen miteinander liegen?

Ich bin immer sehr dankbar und froh, wenn von Hundebesitzern aus dem Welpenkurs das Feedback kommt: „Wir haben sehr viel gelernt. Vor dem Welpenkurs hatte ich gar nicht gedacht, dass man so viel Erziehungsarbeit leisten muss. Eigentlich ist es wie bei den Kindern, nur entwickelt sich der Welpe viel schneller. Mir war nicht klar, dass die Hunde häufig nicht einfach nur miteinander spielen, sondern es im Freilauf häufig zu Konflikten kommen kann, wenn wir nicht einschreiten."

Eigentlich bin ich immer dafür, die Hunde nicht zu sehr zu vermenschlichen, obwohl ich das selbst manchmal ziemlich schwierig finde. Denn auch mir fällt es schwer, einem niedlichen Blick aus runden Knopfaugen zu widerstehen. In Bezug auf die Erziehungsmaßnahmen in einer Welpengruppe finde ich den Vergleich zu Kindern aber sehr passend.

Vor kurzem war ich in einem großen Gartencenter und wir haben uns als Familie dort getroffen, um ein bisschen Zeit zusammen zu verbringen. In der Mitte dieses Centers gibt es einen großen Kinderspielplatz. Ringsherum befinden sich Tische und Bänke, man kann Kuchen essen und Kaffee trinken. Während die Kinder also auf dem Spielplatz unterwegs waren, saßen die Eltern drumherum und unterhielten sich. Ich lehnte am Zaun, der den Spielbereich von den Tischen trennte und beobachtete das wilde Treiben.

Zunächst sah alles friedlich aus, die Kinder kreischten, rutschten und rannten wild umher. Beim näheren Hinsehen beobachtete ich dann

Im Freilauf zeigen sich häufig Konfliktsituationen.

aber folgendes: Ein kleiner Junge versuchte verzweifelt, auf einen großen Würfel zu klettern. Nach mehreren erfolglosen Versuchen gab er auf, nahm den Würfel in beide Hände und warf ihn voller Frust im hohen Bogen über den Spielplatz. Dieser traf einen anderen Jungen, der durch den Schwung des Würfels zur Seite purzelte.

Dies beobachtete ein Mädchen, die etwas abseits der Spielfläche stand und vor Schreck einen Schritt zurückwich. Ein anderes Mädchen wollte nun den Würfel haben und hob in hoch. Dies gefiel dem ersten Jungen gar nicht und er nahm dem Mädchen den Würfel weg. Dieses fing an zu weinen. Ein anderer Junge gab dem Jungen mit dem Würfel einen Schubs, dieser fiel auf die Knie und ließ den Würfel los. Jetzt hatte der größere Junge den Würfel. Nach kurzem Überlegen ließ er den Würfel links liegen und nahm die Leiter zur Rutsche.

Auf der Rutsche stand ein größeres Mädchen und rangelte mit einem Jungen, wer nun zuerst rutschen darf. Das Mädchen setzte sich durch und nahm viel Schwung. Am Ende der Rutsche stieß sie mit einem kleinen Mädchen zusammen, die offensichtlich im Weg stand.

Und ich dachte bei mir: „Wie spannend, eigentlich läuft es ganz genauso wie im Welpenkurs."

Ich werde sehr oft von Kunden gefragt, wie man am besten reagiert, wenn es auf dem Spaziergang schwierig wird und unter den Hunden Streitigkeiten entstehen. Im Welpenkurs hat man den Vorteil, dass alle Menschen zu-

sammenarbeiten und einander unterstützen. Auf dem Spaziergang trifft man aber leider auch auf Hundebesitzer, die der Meinung sind, dass die Hunde spielen oder das schon „unter sich regeln". Und dann läuft es leider ähnlich wie auf dem Kinderspielplatz. Die Kinder streiten und tragen Konflikte aus, doch von den umstehenden Eltern bekommt das niemand mit.

Wie kommt das eigentlich?

Die Körpersprache bei Hunden ist sehr subtil, eine Vielzahl an Merkmalen liefert uns Informationen über ihre Stimmung. Hierzu gehört beispielsweise die Stressfalte im Gesicht des Hundes, aufgerissene Augen, das körperliche Abstoppen und Ausbremsen des anderen oder auch der Stoß in den Nacken des anderen Hundes, um diesen für ein Verhalten zu korrigieren.

Wir Menschen müssen uns erst wieder darin schulen, diese vielen subtilen Merkmale zu erkennen. Häufig reagieren wir erst, wenn es laut wird oder Zähne eingesetzt werden und Verletzungen entstehen. Doch bevor Hunde aus einer Spielsequenz laut miteinander werden, sind zuvor bereits Merkmale für den Menschen zu erkennen, die einen Konflikt ankündigen, aber häufig gar nicht wahrgenommen werden.

Dass Hunde vorrangig miteinander spielen, ist also ein Trugschluss und daher ist es aus meiner Sicht so wichtig, dass man in den Freilaufsequenzen in der Welpenschule lernt, diese Merkmale frühzeitig zu erkennen und die Welpenschule nicht bloß für den Welpentreff und das unbegrenzte Spielen miteinander zu besuchen.

Streitigkeiten gibt es nicht nur unter Kindern, sondern auch unter Welpen.

Was versteht man unter einem Deprivationssyndrom beim Hund?

Wenn wir von Welpen sprechen, meinen wir Hunde in einem Alter von bis zu 16 Lebenswochen. Eine Lebensphase, die oftmals darüber entscheidet, wie gesellschaftstauglich ein Hund im späteren Leben sein wird. Ich denke, niemand möchte mit einem Hund zusammenleben, der andere Menschen, Kinder oder Hunde angreift oder gefährdet.

Um dieser Gefahr vorzubeugen, ist es von größter Bedeutung, wie sachkundig der Hundehalter ist und ob er die Gefahrenlage richtig einschätzen kann. Jeder Hund kann gefährlich werden, wenn der Mensch seiner Verantwortung nicht gerecht wird.

Zunehmende Bedeutung gewinnt auch die Sozialverträglichkeit der Hunde untereinander. Je mehr Hunde in einem Stadtteil leben, desto öfter begegnet man sich auf der Straße und muss an Engstellen aneinander vorbei. Daraus resultiert ein enormes Konfliktpotenzial unter Hunden und zwischen ihren Menschen.

Auf der anderen Seite gibt es Hunde, die überaus ängstlich auf verschiedene Reize in der Umwelt reagieren. Mit einem ängstlichen Hund zusammenzuleben ist häufig emotional sehr belastend. Der Wunsch, dem Hund helfen zu können und aus ihm einen entspannten Begleiter im Alltag zu machen, ist groß.

Was können wir im Welpenalter dafür tun und was sollten wir beachten, damit aus unserem Hund ein souveräner Vierbeiner wird?

Das Deprivationssyndrom beschreibt eine Störung im Verhalten des Hundes, das durch einen Mangel in der Sozialisierungsphase entstanden ist. Kennzeichnend ist, dass diese Mängel nicht vollständig kompensiert werden können, das heißt: Wenn der Welpe in der Sozialisierungsphase bestimmte Reize nicht kennenlernt beziehungsweise insgesamt zu wenig Reize kennenlernt oder aber Erfahrungen macht, die ihn traumatisieren, können die Verhaltensstörungen ein Leben lang erhalten bleiben. Das Training ist dann sehr langwierig und die Erfolgschancen sind nicht besonders groß.

Mülltonnen und andere Gegenstände lösen plötzlich große Angst aus.

geweitete Pupillen

Rutenspitze zeigt zur Nase

Die eingezogene Rute und die aufgerissenen Augen sind ein typisches Zeichen für Angst.

Diese Hunde sind meist durch folgende Symptome gekennzeichnet:

Der Hund wirkt im Alltag vermehrt ängstlich und nervös, er kann sich schlecht konzentrieren und zieht sich in Situationen, die für ihn unangenehm sind, eher zurück. Plötzliche Veränderungen verunsichern ihn stark. Treten neue Gegenstände im Alltag auf, wie beispielsweise eine Mülltonne, die an die Straße gestellt wurde und dort gestern noch nicht stand, zeigt er starkes Fluchtverhalten. Dabei zieht er stark an der Leine. Gleichzeitig kann aber Aggressionsverhalten in Situationen gezeigt werden, die ihn überfordern.

Häufig ist es nicht ein bestimmter Reiz, der das ängstlich nervöse Verhalten auslöst, stattdessen wandert der Blick nervös umher und der Hund schreckt in verschiedene Richtungen zurück. Das macht die Therapie dieses Verhaltens durchaus schwierig, denn das Training einer speziellen Situation und eines bestimmten Umweltreizes, der dieses Verhalten auslöst, ist nicht sehr gut möglich. Je nachdem, wie stark das Deprivationssyndrom ausgeprägt ist, kann die Prognose sehr schlecht sein. Daher ist es so wichtig, bereits bei der

Wichtig:

Auch Hunde aus dem Tierschutz können großartige Familienhunde sein, auch, wenn die Sozialisierungsphase nicht optimal verlaufen ist. Genauso erlebe ich Welpen, die bereits in den ersten zwölf Lebenswochen sehr ängstliches Verhalten zeigen und sich innerhalb weniger Wochen fantastisch entwickeln und das ängstliche Verhalten fast nicht mehr zu beobachten ist. Dennoch gibt es immer wieder Negativbeispiele, die zeigen, wie groß der Bedarf an Aufklärung ist, unseriöse Züchter, aber auch unseriöse Personen oder Vereine nicht zu unterstützen.

Auswahl des Welpen darauf zu achten, dass der Welpe bei einem guten Züchter oder einer Person aufwächst, der in den ersten Lebenswochen bereits für eine gute Sozialisierung sorgt und eine gute Welpenschule besucht wird. Somit schafft man die besten Voraussetzungen für einen Familienhund, der zu einem entspannten Alltagsbegleiter wird.

Wie lernt mein Welpe, mit Frust umzugehen?

Im Hundetraining beziehungsweise in der Verhaltenstherapie suchen wir immer nach den Ursachen eines unerwünschten oder für den Menschen problematischen Verhaltens des Hundes. Einen großen Anteil nimmt dabei der Begriff der Frustration ein. Auch in den Welpengruppen und in der Einzelberatung von Welpen und Junghunden ist die fehlende Frustrationstoleranz des Hundes aus meiner Erfahrung eines der angsagtesten Themen. Frust nicht gut aushalten zu können, ist aber für Welpen und Junghunde vorübergehend völlig normal, dennoch ist es erfahrungsgemäß sehr wichtig, die Frustrationstoleranz bewusst zu trainieren.

Frustration zeigt sich häufig darin, dass der Welpe schlecht zur Ruhe kommt, immer wieder „seine wilden fünf Minuten hat" oder vermehrt in die Hände seiner Besitzer beißt. Welpen, aber auch erwachsenen Hunden, fällt

Frust entsteht häufig auf beiden Seiten und führt zu einem Teufelskreis.

es häufig schwer, Ruhephasen einzuhalten und sich genügend auszuruhen. Viele Hunde wirken überdreht und häufig ziehen wir Menschen fälschlicherweise folgenden Schluss: Mein Hund wird zu wenig beschäftigt. In den seltensten Fällen stimmt das, viel öfter überfordern wir uns und unsere Hunde im Alltag.

Oftmals wünscht man sich, es gäbe einen Knopf oder einen Schalter, um das Beißen in Gegenstände und in die eigenen Hände abzustellen. Die Lösung liegt jedoch nicht darin, in der Situation, in der die Stimmung schon hochgekocht und man als Mensch selbst schon sehr genervt ist, sich irgendwie mit Härte und Strenge durchzusetzen. Die Ursache liegt vielmehr in den Fähigkeiten, die wir unseren Hunden erst beibringen müssen, damit sie in unsere Gesellschaft passen.

Stellen wir uns eine Gruppe junger Wölfe vor, die durch das Unterholz schleicht. Plötzlich springt ein Hase hoch, flüchtet und schlägt Haken. Würde nun einer der Wölfe zu den anderen sagen: „Seht mal, wie gut meine Selbstbeherrschung ist, ich widerstehe meinem Impuls und hetze gar nicht hinterher." Was würden die anderen wohl entgegnen? „Tja Pech gehabt, dann gibt es für dich kein Frühstück!"

Was ich mit dem Beispiel verdeutlichen möchte ist, dass es in freier Wildbahn wenig sinnvoll ist, Langeweile gut aushalten zu können oder eine hohe Selbstbeherrschung zu haben. Diese Fähigkeiten müssen Hunde aber lernen, damit sie uns im Alltag begleiten können, wie beispielsweise im Büroalltag, im Urlaub oder um die Kinder von der Schule abzuholen.

Wie kann ein Welpe also lernen, Langeweile auszuhalten?

Abhängig von der Rasse, vor allem aber auch abhängig vom Charakter, ist das Verhalten unterschiedlich in seiner Ausprägung. Bei manchen Welpen reicht es schon, sie festzuhalten und zu beruhigen oder darauf zu achten, dass unerwünschtes oder forderndes Verhalten im Alltag nicht unbewusst verstärkt wird, indem wir ständig schimpfen oder streicheln.

Ein Beispiel: Thomas sitzt auf dem Sofa und telefoniert. Keine zwei Minuten später legt Bruno seinen Kopf auf Thomas Schoß. Aus kugelrunden dunklen Augen schaut er zu ihm hoch. Thomas streichelt ihm liebevoll über den Kopf. Das ganze läuft ganz nach Brunos Geschmack. Dann wird das Telefonat ernster. Thomas lehnt sich nach vorne und steht auf. Bruno möchte weiter gestreichelt werden und fordert Thomas mit der Pfote auf. Normalerweise klappt das immer und Thomas streichelt ihn wieder. Dieser schimpft nun aber und dreht sich weg. Dann muss Bruno wohl zu stärkeren Mitteln greifen, er springt an Thomas hoch, um das Streicheln stärker einzufordern. Dabei nutzt er seine Zähne und beginnt sogar am Hosenbein zu zerren. Bruno hat also gelernt, dass er, um trotzdem Aufmerksamkeit zu bekommen, nur penetrant genug sein muss. Für Thomas wäre es also wichtig, bereits im Alltag zu schauen, nicht ständig auf das Verhalten von Bruno einzugehen, da Bruno dadurch nicht lernen kann, dass Thomas jetzt einmal keine Zeit für ihn hat.

Schwierig wird es dann, wenn wir den Wünschen des Welpen einmal nicht nachkommen können. Sei es aufgrund unserer Arbeit oder einer anderen wichtigen Tätigkeit oder weil man in einem Café sitzt und sich entspannt mit Bekannten unterhalten möchte. Denn dann kommt Frust auf. Unter dem Begriff der Frustration verstehe ich das unangenehme Gefühl, das aufkommt, wenn man nicht das bekommt, was man sich wünscht.

Welche Wünsche oder Erwartungen können das beim Hund beziehungsweise beim Welpen sein? Die Aufmerksamkeit des eigenen Menschen zu bekommen und von ihm beschäftigt zu werden. Nun haben wir aber den Wunsch, dass unser Hund ein entspannter Alltagsbegleiter wird, der sich auch in Situationen, in denen man seinen Wünschen nicht augenblicklich nachkommen kann, entspannt und ruhig verhält, alle Grundsignale beherrscht und gerne mit uns zusammenarbeitet.

Die Lösung? Wir dürfen an der Selbstbeherrschung unserer Hunde arbeiten und das am besten bereits im Welpenalter. Das klingt ja toll, aber wie soll das gehen? Übersetzt heißt das: Wir versuchen Hunden alternative Strategien beizubringen, die dafür sorgen, dass sie Frust besser aushalten können.

Zum einen können wir unseren Hund in kleinen Schritten daran gewöhnen, dass er nicht immer im Mittelpunkt steht. Hierzu kann man sich eine Zeitschrift schnappen, sich auf das Sofa setzen und sich für eine kurze Zeit vornehmen, nicht auf den Hund einzugehen, auch wenn er um unsere Aufmerksamkeit buhlt. Legt er sich hin und entspannt sich, können wir die Situation auflösen.

Zum anderen kann der Hund lernen, mithilfe eines Signals, welches in kleinen Schritten aufgebaut wird, Bewegungsreize auszuhalten. Hierzu eignet sich der Aufbau eines festen Liegeplatzes, das Apportieren oder ein Wartesignal.

Für beide Strategien gilt: üben, üben, üben, und zwar in ruhigen und entspannten Situationen, damit es dann auch in schwierigen Situationen funktioniert.

Wie lernt mein Welpe, an der lockeren Leine zu gehen?

Kennst du das auch? Du möchtest mit deinem Welpen spazieren gehen, aber sobald du die Leine in die Hand nimmst, nimmt er Reißaus? Auf dem Gehweg läuft er ein paar Schritte, bleibt dann stehen und setzt sich hin und ihr kommt nicht weiter voran? Oder aber dein Welpe ist stürmisch, zieht an der Leine und wenn es nicht schnell genug geht, springt er an dir hoch oder beißt in die Leine?

Der häufigste Grund für ein solches Verhalten ist, dass dein Welpe in dieser Situation überfordert ist. Überfordert mit der langen Wegstrecke, damit, das sichere zu Hause zu verlassen, zu vielen Umweltreizen gleichzeitig ausgesetzt zu sein oder nicht selbst die Richtung und das Tempo vorgeben zu können.

Für Hunde ist es nicht natürlich, an einer Leine zu laufen. Dieses Verhalten müssen sie erst lernen, damit wir sie in unserer Gesellschaft sicher durch gefährliche Situationen führen können. Fragt man sich nach dem Nutzen, den ein Hund davon hat, an einer kurzen Leine zu laufen, gibt es wenig schlüssige Antworten darauf. Eigentlich hat es für einen Hund keinerlei Vorteile, an der Leine zu laufen. Im Gegenteil. Jemand anders gibt die Richtung und das Tempo vor, man kann nicht mehr überall schnüffeln und muss Freiheiten aufgeben.

Aus menschlicher Sicht ist es ja vor allem ein Schutz, damit unseren lieben Vierbeinern nichts passiert, sie nicht auf die Straße laufen, überfahren werden oder fremde Personen belästigen. Damit ein Hund zum entspannten Alltagsbegleiter wird, ist das Training der Leinenführigkeit daher essenziell.

Für das Training mit dem Welpen gilt:

- Starte in ablenkungsarmer Umgebung, also im Haus und im Garten.
- Übe in kleinen Schritten und kurzen Sequenzen.
- Zeigt dein Welpe eines oder mehrere der nebenstehenden Verhalten, frage dich, ob er überfordert ist. Überdenke deine Trainingsschritte und versuche, das Training einfacher zu gestalten und den Ort zu wechseln.
- Heute klappt einfach gar nichts? Nicht schlimm. Beende das Training mit einer ganz leichten Übung, sodass ihr ein Erfolgserlebnis habt und starte morgen von vorn, in ausgelassener Stimmung mit neuer Energie und Konzentration.
- Mache dich und die Leinenführigkeit spannend, indem du das Anleinen und die ersten Schritte positiv verknüpfst und nach dem Anleinen etwas Spannendes passiert, zum Beispiel du mit einer Spielsequenz in den Spaziergang startest.

Wie lange sollte man mit einem Welpen spazieren gehen?

Die Faustregel besagt: Fünf Minuten pro Lebensmonat. Setze dich aber nicht unter Druck. Schau erst einmal wie es deinem Welpen gefällt. Wenn dein Welpe sich hinsetzt und nicht mitlaufen möchte, beschäftigt euch erst einmal im Garten oder an einem anderen ruhigen Ort. Anstelle einer ganzen Runde um den Block könnt ihr stattdessen die Straße bis zur nächsten Ecke gehen oder den nächstgelegenen Grünstreifen als Ziel festlegen. Die Länge der Strecke ist nicht von großer Bedeutung, auch hier gilt wie oftmals im Training: Qualität vor Quantität. Die Wege sollten besser kürzer gewählt werden, sodass dein Welpe davon

profitiert. Je älter unsere Hunde werden, desto mehr Interesse entwickeln sie, spazieren zu gehen.

Um deinem Welpen neue Orte zu zeigen, ist es sinnvoller, diese konkret zu planen. Am besten nutzt man das Auto für kleinere Fahrten, um an den Ort des Geschehens zu fahren und die Aufmerksamkeitsspanne des Welpen am neuen Ort zu nutzen und nicht erst gemeinsam dort hinzulaufen. Hierzu eignet sich beispielsweise ein kleinerer Bahnhof, um Züge und fremde Geräusche kennenzulernen. Anschließend fahrt ihr wieder nach Hause, sodass sich dein Welpe genügend ausruhen kann und nicht zu lange an einem Stück mit neuen Reizen konfrontiert und überfordert wird.

Das Beißen in die Leine zeigt, dass die Trainingsschritte kleiner gewählt werden müssen.

Wie bringe ich meinem Welpen bei, alleine zu bleiben?

„Ich habe mal eine Frage zum Thema Alleinbleiben: Im nächsten Monat muss ich wieder arbeiten und Tom wird für vier Stunden alleine bleiben müssen. Er ist jetzt 14 Wochen alt und ich übe bereits seit drei Wochen das Alleinbleiben. Sobald er merkt, dass ich weg bin oder ich mich in einem anderen Raum befinde, fängt er an zu jammern. Zunächst bin ich immer nur ganz kurz aus dem Raum gegangen, habe ihn beim Zurückkommen nicht beachtet und alles so gemacht, wie es in den Büchern und im Internet steht. Wenn ich für 30 Minuten das Haus verlasse, um kurz einzukaufen, fängt er in den ersten zehn Minuten an zu jammern und zu bellen, ich habe ihn durch eine Kamera beobachtet. Dann legt er sich hin und schläft. Mache ich etwas falsch oder ist das normal?"

Das Alleinbleiben zu trainieren ist ein sehr häufiges und zeitaufwändiges Thema, welches unter Umständen viel Geduld fordert. Zunächst einmal finde ich wichtig, sich bewusst zu machen, dass Hunde im Rudel nicht allein bleiben müssen. Ähnlich wie beim Thema Leinenführigkeit sind unsere Lebensumstände der Grund, warum ein Hund das Alleinbleiben lernen muss. Hunde hätten nichts dagegen, den ganzen Tag gemeinsam mit ihren Menschen zu verbringen. Im Welpenalter ist es noch so, dass die Welpen einen sogenannten Folgetrieb zeigen, das heißt, sie folgen uns auf Schritt und Tritt. Dies ist in freier Wildbahn wichtig für das Überleben, denn die Hundemutter bietet Schutz und der Welpe ist noch vom Schutz des Rudels abhängig.

Heißt also: Es ist ganz normal, dass es dem Welpen schwerfällt, ruhig zu bleiben, wenn die Bezugsperson außer Sichtweite gerät.

Prinzipiell startet man das Training des Alleinbleibens damit, dass man mal den Raum verlässt und bereits nach Sekunden wieder zurück ist, ohne eine große Sache daraus zu machen. Häufig klappt es schon, dass die Menschen mal im Obergeschoss sind und der Welpe durch das Treppengitter unten bleibt. Doch was mache ich, wenn der Welpe bereits unruhig wird, wenn ich nur kurz den Raum verlasse?

Als Faustregel gilt: Beginnt der Welpe zu jammern, sind die Trainingsschritte noch zu groß. Zeitdruck wirkt sich immer ungünstig auf das Training aus. Es gibt Welpen, die bereits mit 16 Wochen für eine Stunde allein bleiben können, die Mehrzahl aller Welpen und Junghunde benötigt jedoch mehr Zeit, um sich daran zu gewöhnen. Den Welpen jammern zu lassen und erst zurückzukehren, wenn er still ist, kann im Alltag funktionieren. Manchmal beschreiben Kunden, dass sie nun nicht mehr auf dem Sofa schlafen möchten, sondern wieder ins Schlafzimmer gezogen sind. Der Junghund habe in der Nacht kurz gejammert, sich dann aber relativ schnell beruhigt und sich nun an die Situation gewöhnt, nachts allein im Wohnzimmer zu schlafen.

Es gibt aber auch Welpen und Junghunde, die das nicht schaffen, ohne erheblich darunter zu leiden. Wenn ich merke, dass der Welpe bereits überfordert ist, wenn ich den Raum verlasse, ist es sinnvoll, im Alltag zu schauen, ob ich ihm beibringen kann, auf Distanz zu mir auszuruhen und ihn daran zu gewöhnen, nicht permanent bei mir sein zu können, während ich das Haus noch nicht verlasse. Hierzu sollte man Momente im Alltag nutzen, in denen man selbst entspannt ist und nicht gleichzeitig noch andere Dinge erledigen muss, wie zum Beispiel abends auf dem Sofa.

Über das Training eines festen Liegeplatzes kann ich dem Welpen beibringen, dass er sich abends entspannen kann, obwohl er nicht in meiner direkten Nähe auf dem Sofa liegt, sondern auf eine gewisse Distanz im selben Raum. Im fortgeschrittenen Training kommt hinzu, dass der Welpe entspannt auf seinem Platz liegen bleibt, auch wenn ich vom Sofa aufstehe und etwas im gleichen Raum herumlaufe. Im nächsten Schritt lernt der Welpe, sich auf dem Liegeplatz zu entspannen, während ich kurz den Raum verlasse. Funktionieren diese Schritte in ruhigen und entspannten Situationen, übertrage ich das Training auf Alltagssituationen, die etwas schwieriger sind, wie zum Beispiel das Kochen. Schritt für Schritt nähere

ich mich der eigentlichen Situation, nämlich, dass ich kurz das Haus verlassen kann.

Zu berücksichtigen ist, dass es verschiedene Ursachen gibt, weshalb ein Hund nicht allein bleiben kann. Funktioniert das Training in kleinen Schritten wie oben beschrieben nicht, sollte noch einmal intensiv nach der Ursache geschaut werden und die Strukturen im Alltag besprochen werden. Hierzu gehören zum Beispiel auch die körperliche und geistige Auslastung und Verhaltensstörungen des Hundes, aber auch die Beziehung zwischen Hund und Mensch.

Eine Alternative, um den Druck zu nehmen, kann die Betreuung durch eine andere Person sein. Dies schafft ein wenig Luft für das Training. Je nach Alter des Hundes kann über die Unterbringung in einer Hundetagesstätte nachgedacht werden. Der wohl wichtigste Trainingstipp zum Thema Alleinbleiben ist: Es braucht unter Umständen sehr viel Zeit und Geduld sowie ein Training in kleinen Schritten.

Das Alleinebleiben muss in kleinen Schritten aufgebaut werden.

Dürfen Welpen Treppen steigen?

Sicherlich ist dir diese Frage auch schon begegnet. Es gibt ja ein paar Regeln, die nun wirklich fast jeden Welpenbesitzer erreichen. Andere Themen, wie zum Beispiel die Auswahl eines guten Züchters oder auch Qualzuchtmerkmale, die durch zu kurze Nasen entstehen, scheinen noch nicht so verbreitet zu sein, wie die Diskussion über das Treppensteigen. „Mach das bloß nicht, Welpen dürfen keine Treppen steigen!" Ich frage mich bei solchen Aussagen immer: Warum? Welche Gründe sprechen dagegen?

Dem Welpen soll es gut gehen, wir wollen alles richtig machen und auf gar keinen Fall möchte sich später jemand vorwerfen, er habe nicht aufgepasst und der Hund dadurch eine schlimme Erkrankung entwickelt. Doch wie immer in der Hundeerziehung gibt es kein Schwarz und Weiß. Nachdem ich mit meinem gut 25 kg schweren und sechs Monate alten Rüden im Parkhaus die Treppe heruntergefallen war (da er sich damals nicht getraut hatten, die wenigen Stufen zu laufen und ich es eilig hatte und ihn tragen wollte), wurde mir dann leider klar, dass es einen Haken gibt, wenn man seinem Hund nicht beibringt, Treppenstufen zu laufen. Einen Fahrstuhl gab es leider nicht.

Was steckt jedoch hinter der Warnung, Welpen keine Treppenstufen gehen zu lassen?

Ähnlich wie beim Fahrradfahren, Joggen oder anderen sportlichen Aktivitäten mit Hund besteht die Gefahr, den jungen Hund zu überfordern und das Knochen- und Knorpelwachstum negativ zu beeinflussen. Insbesondere bei großen Rassen befürchtet man, dass durch zu starke Belastung der Gelenke nachhaltige gesundheitliche Folgen entstehen können.

Hierzu gehören Gelenkveränderungen wie die Ellenbogengelenksdysplasie, die zwar erblich bedingt ist, durch Überbelastung der Gelenke jedoch begünstigt werden kann. Es handelt sich um Veränderungen im Gelenk, die dazu führen, dass die am Gelenk beteiligten Strukturen nicht mehr richtig aneinanderpassen. Dadurch kann eine frühzeitige Abnutzung und Zerstörung von gesunden Strukturen erfolgen, die dann zu Schmerzen führen können. Diese können unter anderem durch Überbelastung, insbesondere in der Wachstumsphase, entstehen.

Eine Studie, die zwei Gruppen von Hunden vergleicht und damit belegt, dass das Treppensteigen in jungen Jahren negative Auswirkungen auf den Gesundheitszustand hat, gibt es allerdings nicht.

Interessant ist jedoch, dass die Beanspruchung von Gelenken beim Hinuntersteigen von Treppen höher ist als beim Hinaufsteigen, und zwar sowohl beim Hund als auch beim Menschen. Denn die Muskulatur ist beim Hinaufsteigen von Treppen angespannt und stützt damit das Gelenk, während die Muskulatur entspannt ist, wenn wir die Treppe hinabsteigen. Nun, was heißt das jetzt für Welpen- und Junghundebesitzer? Innerhalb der Wachstumsphase sollten Junghunde geschont werden und nicht übermäßig Treppen steigen. Genauso wenig über längere Strecken am Fahrrad mitlaufen oder beim Joggen mitlaufen.

Dennoch sollten insbesondere große Rassen das Treppensteigen lernen. Hier empfiehlt es sich, den Hund jeweils die letzten drei Stufen einer Treppe selber laufen zu lassen – sowohl Treppauf als auch Treppab. Wichtig ist, dass das Treppensteigen kontrolliert abläuft, damit der Hund nicht mehrere Stufen gleichzeitig nimmt oder diese überspringt. Um zu verhindern, dass der Hund selbstständig die Treppe hinaufstürmt, kann ein Kindergitter helfen.

Wann ist denn das Wachstum beim Hund abgeschlossen?

Das ist von der Rasse und dem jeweiligen Individuum abhängig. Große Rassen brauchen in der Regel länger, bis das Knochenwachstum abgeschlossen ist, dies kann bis zu 24 Monate betragen.

Welpen müssen lernen, Treppen zu steigen, allerdings nicht zu oft.

Muss ich nicht auch einmal hart sein und durchgreifen?

Hast du das auch schon einmal erlebt, dass jemand in deiner Gegenwart einen Hund körperlich gemaßregelt hat? Oder bist du selbst mal böse geworden, hast die Nerven verloren und nachher bereut, geschimpft zu haben, anstatt es ruhig und gelassen anzugehen? Bist du auch der Meinung, dass Hunde Regeln brauchen und man diese manchmal auch ganz klar und konsequent kommunizieren muss?

Dann geht es dir wie mir. Was ich aber überhaupt nicht leiden kann: Wenn einem Hund oder einem anderen Lebewesen Gewalt oder Schmerzen zugefügt werden und dieses gar nicht weiß, was es stattdessen machen soll, Angst hat und sich hilflos fühlt. Wie bei vielen anderen Themen ist es schwierig, Begriffe genau zu definieren. Wo fängt Gewalt an und wo hört sie auf? Emotionen, insbesondere Wut und Ärger, sollten im Training nichts verloren haben. Nach meinem Empfinden hat sich unsere Einstellung zu Erziehung im Hundetraining grundlegend verändert, viele Menschen möchten ihre Hunde gewaltfrei erziehen und reflektieren die bisherigen Trainingsmethoden. Viele Reaktionen, die wir im Training nutzen, geschehen unbewusst. So greift man dem Hund mal in seine Hautfalte, drückt ihm beim Sitz auf den Popo oder ruckt dann doch mal an der Leine. Je genervter und frustrierter wir sind, desto grober werden wir mit unseren Hunden. Folglich entsteht Frustration auf beiden Seiten, sowohl beim Menschen als auch beim Hund. Das Ergebnis sind dann Hunde, die sich nicht mehr viel aus dem Schimpfen machen, auf Durchzug schalten und keine Lust mehr haben, mitzuarbeiten.

Es ist auch schwierig, ruhig zu bleiben, wenn der Hund den ganzen Spaziergang an der Leine zieht und einem fast den Arm auskugelt oder der Welpe zum tausendsten Mal auf den schönen Teppich im Wohnzimmer pinkelt. Während man das Ganze dann mit einem Tuch beseitigt, macht er sich dann auch noch einen Spaß daraus, das

Den Welpen auf den Rücken zu drehen ist absolut unangebracht.

Papiertuch zu zerreißen und um einen herumzuspringen. Da kann man schon mal die Nerven verlieren, laut werden und schimpfen. Den Welpen dann aber in seinen eigenen Urin zu drücken ist mittlerweile glücklicherweise zunehmend verpönt. Ganz einfach, weil es auch nichts bringt. Der Welpe wird hierüber nicht seltener in die Wohnung machen, die Beziehung leidet aber erheblich. Was ist das für eine Vertrauensperson, die bei einer Kleinigkeit, wie dem Urinabsetzen in der Wohnung und dem Fangen der Küchenrolle gleich cholerisch wird und völlig ausrastet? Und ja, aus Hundesicht ist ein solches Verhalten absolut unverständlich. Kein erwachsener Hund würde einen anderen Hund für ein Ziehen an der Leine oder ins Haus machen korrigieren. Was ich jedoch öfter zu hören bekomme und auch schon selbst im Training erlebt habe, ist, dass ein Hund plötzlich auf den Rücken gedreht wird, mit der Idee, eine angemessene Korrektur durchzuführen und dem Hund klare Grenzen zu setzen. Aus Hundesicht ist ein solches Verhalten des Menschen aber als aggressives Verhalten mit Tötungsabsicht einzuschätzen und nicht als Erziehungsmaßnahme.

Manche vermeintlichen Hundeexperten behaupten, dass auch Hündinnen ihre Welpen als Korrekturmaßnahme auf den Rücken drehen. Das stimmt nicht und ist fachlich schlichtweg falsch. Durchaus kann man beobachten, dass Hündinnen ihre Welpen mithilfe eines Schnauzgriffs maßregeln. Hierbei umfasst die Hündin mit ihrem Maul die Schnauze des Welpen. Sie hat dabei jedoch nicht die Absicht, den Welpen schwer zu verletzen. Der Schnauzgriff wird durch ein kurzes Knurren angekündigt und der Welpe lernt, das Knurren als eine Vorstufe der Korrektur einzuschätzen. Diese Korrekturmaßnahme erfolgt aber gezielt in ganz bestimmten Situationen und nicht in einer hohen Frequenz in jeder beliebigen Situation. Bei uns Menschen sind Korrekturen häufig emotional aus einer Wut oder Frustration heraus gesteuert.

Unser aller Ziel ist es aber doch, zu einer guten Führungsperson unseres Hundes zu werden. Damit meine ich nicht, dass wir uns durch Dominanz und Härte durchsetzen oder unseren Frust an einem anderen Lebewesen abreagieren, sondern dass der eigene Hund weiß: „Ja, auf mein Herrchen oder Frauchen kann ich mich verlassen. Hier fühle ich mich sicher." Und vor allem: „Herrchen oder Frauchen hält durch. Sie meint, was sie sagt und die Regeln sind klar und beständig. Ich weiß genau, was ich darf und was nicht."

Ich möchte dich einmal dafür sensibilisieren, wie du im Alltag mit deinem Hund umgehst und ob es Situationen gibt, in denen dich dein Hund ziemlich auf die Palme bringt. Lasst uns Vorbilder für andere Mensch-Hund-Teams sein und zeigen, dass Training auch ohne Gewalt und Härte funktioniert.

Wie schaffe ich es, dass sich mein Hund bei mir sicher fühlt?

In einem meiner Junghundekurse befanden sich einmal zwei Hunde, die sich bereits aus der Welpenzeit kannten und im selben Ort wohnten. Jo und Jackson waren richtig gute Kumpel. Außerdem nahm Nadina, eine junge Hündin teil, die doch reichlich von den beiden Jungs umworben wurde.

Seit kurzem wurde der Rasen auf dem Nachbargrundstück des Trainingsgeländes nicht mehr durch einen Mann auf einem Aufsitzrasenmäher gemäht, sondern durch einen Mähroboter. Dieser Roboter war immer sehr fleißig und drehte unermüdlich seine Runden. Dabei fuhr er regelmäßig am Trainingsgelände vorbei und hatte schon mehrfach für Aufregung gesorgt. So sah dieser Roboter offensichtlich aus Hundesicht sehr gefährlich aus und schien das Territorium streitig zu machen.

Insbesondere, wenn dann noch eine junge Hundedame und Frauchen anwesend sind, lässt sich ein junger Rüde das nicht gefallen. Ihr könnt euch vorstellen, was da los war. Zuerst ist Jo der Rasenmähroboter aufgefallen, mit lautem Bellen machte er alle Anwesenden auf dem Trainingsgelände darauf aufmerksam. So nach dem Motto: „Oh ha, Leute, habt ihr gesehen? Da nähert sich irgendwas. Ein anderer Hund? Ein Raubtier? Alarm!". Jackson fiel sogleich in das Bellen mit ein, einen Freund lässt man in so einer Situation ja sicher nicht allein, außerdem müssen die Damen beschützt werden.

Nachdem das Bellen zu Beginn eher aufgeregt und unsicher, mit hoher Stimme erfolgte, stießen die beiden Rüden auf gegenseitige Resonanz. Zusammen fühlt man sich eindeutig sicherer. Aus dem hohen Bellen wurde zunehmend ein tieferes, beide Hunde versuchten zum Zaun zu gelangen, waren jedoch an der Leine und wir hatten Mühe, sie an Ort und Stelle zu behalten. „Hey du Zwerg, verschwinde, sonst gibt es was auf die Mütze!" schienen sie zu bellen. Da die beiden

Hunde neigen dazu, im Alltag bei Gefahren schnell die Verantwortung übernehmen zu wollen.

Rüden nicht zusammen hinstürmen konnten, mischte sich in das Bellen zunehmend ein frustrierter Unterton.

Wie würden die meisten Menschen in einer solchen Situation reagieren? Was ist der erste Gedanke?

Sicherlich ist ein solches Verhalten in der Öffentlichkeit peinlich. Selbstzweifel werden laut, die dir sagen, du hast doch was falsch gemacht, dein Hund nimmt dich gar nicht ernst. Wegen so eines blöden Rasenmähers oder was? Der ist doch gar nicht gefährlich. Im schlechtesten Fall kommt ein Spaziergänger

vorbei und schiebt einem noch einen Spruch, der zur Verzweiflung und zum Aufgeben beiträgt.

Man bekommt dann Tipps, sich mal körperlich durchzusetzen, wird laut und ist selbst total aus dem Häuschen. Doch körperliche Krafteinwirkung, Wut und Frust sind keine guten Berater. Hier kommt die gute Nachricht: Das Verhalten ist ganz normal und du bist nicht allein auf der Welt. Dennoch sollten wir unseren Fokus verändern. Zum einen sollten wir nach der Ursache schauen, die in unserem Beispiel die vermeintliche Gefahr des Rasenmähers war. Unsere Vorfahren profitierten davon,

Stattdessen müssen wir Menschen diese Verantwortung übernehmen.

dass der Vorfahre des Hundes sie vor potenziellen Gefahren beschützt hat. Dieses Verhalten steckt nach wie vor in unseren Hunden und unsere Aufgabe im Training ist es, ihnen diese Verantwortung abzunehmen. Durch das Training der Grundsignale wird es dann möglich, dem eigenen Hund zu vermitteln, dass wir diese Gefahren ebenfalls erkennen und zugleich auch aus Hundesicht beurteilen können, ob es sich tatsächlich um eine Gefahr handelt oder eben nicht. Das führt zu Verständnis statt zu Ärgernis für das Verhalten unserer Hunde, denn immerhin haben wir eigentlich ein ursprüngliches Raubtier an der Leine, für das es um das Überleben, die eigene Sicherheit und das Verteidigen von lebenswichtigen Ressourcen geht.

Gedanklich müssen wir weg von Selbstzweifeln, ausschließlicher Unterdrückung von problematischem Verhalten und dem Gedanken, uns durchsetzen zu müssen, hin zu Verantwortungsübernahme, Selbstvertrauen und einem geeigneten Trainingsweg, der nicht die Symptome bekämpft, sondern hilft, die Ursache zu behandeln. Eines der häufigsten Themen im Training ist zu schauen, wie man in die Rolle kommt, dass der Hund einem die Verantwortung für gefährliche Situationen überlässt und sich an einen orientiert. Und das fängt im Alltag zu Hause an und nicht erst in den Situationen, die uns nicht gefallen.

Was bedeutet das konkret für das Training?

Nachdem die beiden Rüden sich also gegenseitig anstacheln und sich in Rage bellen, ist es am besten, zunächst einmal den Abstand zu vergrößern. Direkt am Zaun hat man keine Chance, zu den beiden „Pubertieren" durchzudringen. Mithilfe der größeren Distanz wird es nach und nach möglich, die beiden in ein „Sitz" zu bringen. Dennoch bellen sie weiter und versuchen immer, sich am Menschen vorbeizuschieben. Das Gute: Der Rasenmähroboter ist fleißig und bleibt in der Nähe. So bleibt genügend Zeit, die Situation zu trainieren.

Sobald die beiden Hunde sitzen, ist entscheidend, in welcher Position sich ihre Menschen befinden. Denn solange der Hund immer wieder in die Leine springt, belohnt er sich mit diesem Verhalten. Mit viel Ruhe und Geduld schaffen es beide Mensch-Hund-Teams, über das „Bleib" die Position zu verändern. Frauchen von Jo gelingt es sogar, ein paar Schritte auf den Rasenmähroboter zuzulaufen. Auf dem Weg zurück zu Jo belohnt sie ihn und bleibt vor ihm stehen, sodass sie weiterhin zwischen Jo und dem Rasenmähroboter steht. Jo hat bereits aufgehört zu bellen. Hin und wieder rutscht ihm noch ein Wuffen heraus. Nach kurzer Zeit ist es möglich, sich wieder auf die ursprüngliche Übung zu konzentrieren.

Was versteht mein Hund besser – Sicht- oder Hörzeichen?

Was denkst du, ist deinem Hund wichtiger? Ein klares und laut ausgesprochenes „Sitz" oder ein entsprechendes Sichtzeichen wie der ausgestreckte Zeigefinger? Probiere es einfach mal aus. Gib deinem Hund zunächst beide Zeichen, sowohl die Stimme als auch das Handzeichen. Im Anschluss jeweils nur die Stimme und zu guter Letzt nur das Sichtzeichen. Wie funktioniert es am besten?

Schaut man sich lerntheoretische Grundlagen beim Hund an, erfährt man, dass Hunde vor allen Dingen visuell, also mit den Augen kommunizieren. Dies gilt auch bei der Kommunikation mit uns Menschen. Hunde können unsere Körpersprache ziemlich gut lesen.

Sollte ich meinen Hund deshalb „nonverbal" also ausschließlich mit der Körpersprache, erziehen? Hier stellt sich mir die Frage, wie man später mit dem eigenen Hundesenior hand-

habt, der nicht mehr so gut sehen kann. Daher ist es sinnvoll, sowohl akustische, also die Stimme betreffende Signale aufzubauen, als auch visuelle Signale, also Handzeichen.

Beobachte ich Kunden im Training, ähneln sich die Handsignale für die Grundsignale „Sitz", „Platz" und „Bleib" sehr häufig. Typischerweise nutzten die meisten Hundebesitzer den ausgestreckten Zeigefinger für das Signal „Sitz", die flache Hand im 90-Grad-Winkel für das Signal „Bleib" und die flache, waagerecht gehaltene Hand für „Platz". In der Theorie unterscheiden sich diese Signale sehr gut voneinander. Im Alltag sieht man dann aber leider häufig eine Mischung aus allen drei Handsignalen, insbesondere dann, wenn man ein Futterstück in der Hand hält.

Die gesprochenen Signale sollten sich ebenfalls gut voneinander unterscheiden. Vielfach

Sitz

Das Sichtsignal „Sitz" kann mit dem Zeigefinger verknüpft werden.

Platz

Das Sichtsignal „Platz" kann durch die flache Hand gezeigt werden.

verwenden Menschen im Training sogar eine andere Sprache für die Grundsignale. Im Training habe ich schon „ligg ner" (schwedisch für leg dich) für Platz kennengelernt oder „snabb" (schwedisch für schnell) als Rückrufsignal. Beliebt sind auch die englischen Wörter wie „down" und „sit". Wichtig ist, dass sich diese Begriffe von unseren im Alltag oft verwendeten Worten unterscheiden.

So klingen „Nimm" und „Nein" häufig sehr ähnlich, oder auch „Platz" für das Signal sich hinzulegen oder es ist das Körbchen damit gemeint. Gerne sprechen wir auch in langen Sätzen wie beispielsweise: „Geh mal in dein Nest".

Wirken mehrere Personen an der Erziehung des Hundes mit, ist es sinnvoll, sich auf dieselben Grundsignale festzulegen, das macht es dem Hund leichter, die Signale zu lernen und zu übertragen. Dennoch spielt die individuelle Stimme eine große Rolle. Nur weil Lotti schon das „Sitz" bei Thomas gelernt hat, kann sie dieses Signal nicht automatisch auf jemand anders mit einer anderen Stimme übertragen. Bei der Pfeife ist es tatsächlich etwas anderes. Der Hund wird hierbei auf einen ganz bestimmten Ton konditioniert. Nimmt eine fremde Person die Pfeife, wird der Hund darauf reagieren und nach der pfeifenden Person Ausschau halten, vorausgesetzt, die Pfeife wurde korrekt konditioniert und trainiert.

Ein Hund kann sogar lernen, bei Inge auf das Signal „Hier" zurückzukommen und bei Peter auf das Signal „Komm". Andersherum kann ein Hund sogar lernen, bei Peter auf das Signal „Hopp" durch den Reifen zu springen und bei Inge stattdessen bei dem Signal „Hopp" auf die Kiste zu springen. Letztendlich sind das aber zwei verschiedene Aufgaben. Da sich Peter und Inge aber in ihrer Stimmlage unterscheiden, kann Lotti beides lernen.

Im Training ist es aber für alle sinnvoll, die Trainingsschritte so unkompliziert wie möglich beizubringen. Dadurch kommt man schneller zum Erfolg und weder der Hund noch der Mensch werden unnötig frustriert. Achte also in den nächsten Tagen mal darauf und überprüfe dich selbst: Nutzt du klare Signale für „Sitz", „Platz" und „Bleib"?

Für das Handsignal „Bleib" eignet sich die ausgestreckte flache Hand.

Sichtsignale müssen eindeutig für den Hund sein und sich möglichst voneinander unterscheiden.

Man darf einen Hund nicht auf den Arm nehmen! Oder?

„Wenn Sie Ihren Hund auf den Arm nehmen, wird er das Sozialverhalten nicht lernen!" oder „Der arme Hund, der darf nicht spielen!"

Kennst du auch solche Sprüche von anderen Hundebesitzern?

Melinda ist eine Kundin von mir. Sie hat einen kleinen Havaneser Rüden namens Stu, der nun elf Monate alt ist. Der Einzug des Welpen war schon länger geplant, sie hat nach einem guten Züchter Ausschau gehalten und über ein Jahr gewartet, bis die Hündin des Züchters läufig geworden ist und sie aus dem Wurf einen Welpen bei sich aufnehmen konnte. Melinda war es sehr wichtig, dass Stu gut sozialisiert wird, daher besuchte sie frühzeitig eine Hundeschule. Auf dem Spaziergang hielt sie nach anderen Hunden in derselben Größe Ausschau, und wenn sie nette Leute mit ihren Hunden traf, durften die Hunde Kontakt miteinander im Freilauf aufnehmen. Ihr kleiner Havaneser Rüde war zunächst sehr vorsichtig anderen Hunden gegenüber, nach und nach wuchs sein Selbstvertrauen und er spielte sogar mit einem erwachsenen Golden Retriever.

Ein paar Monate später ist Melinda mit Stu am Deich unterwegs, dort kann sie ihn bereits frei laufen lassen, denn der Rückruf klappte schon ziemlich gut. In wei-

ter Entfernung tauchen plötzlich zwei große Hunde auf, die sehr wild rennen. Als die beiden Hunde Melinda bemerken, laufen sie im wilden Galopp auf Melinda zu. Melinda verkrampft sich, die beiden Hunde scheinen nicht abzustoppen und ihr kleiner, den anderen beiden Hunden körperlich weitaus unterlegener Stu, versteckt sich hinter ihr.

Die beiden Hunde stoppen tatsächlich nicht ab und überrennen den kleinen Rüden. Er macht einen Purzelbaum und rappelt sich erschrocken auf. Die beiden Hunde sind nicht aggressiv, aber unheimlich wild. Stu fühlt sich zunehmend unwohl, er klemmt die Rute ein, läuft rückwärts und scheint Schutz zu suchen.

Hunde, die von oben Drohverhalten zeigen, sollten nicht auf den Arm.

Mit einem Mal beginnt Stu zu bellen und in die Richtung der beiden großen Hunde zu schnappen. Melinda ist ganz erschrocken und versucht ihn festzuhalten. Aus der Entfernung scheint die Besitzerin der beiden großen Hunde aufzutauchen, denn sie ruft die beiden zurück, die aber keine Anstalten machen, zurückzukommen. „Die sind ganz lieb!", ruft die Frau. Als die Frau endlich auf gleicher Höhe ist und an Melinda vorbeiläuft, machen sich die beiden Hunde so langsam auf den Weg, ihr zu folgen. Melindas Herz klopft, das war keine schöne Begegnung. Den ganzen Rückweg fragt sie sich, was sie hätte besser machen können.

In den nächsten Tagen kommt es immer öfter vor, dass Stu zu bellen beginnt, wenn sie gemeinsam Hunden begegnen. Besonders schlimm ist es, wenn er an der Leine laufen soll. Melinda meidet immer mehr Orte, an denen sie anderen Hunden begegnen, denn die Leute schauen skeptisch und hin und wieder hört sie auch Worte wie: „Die kleinen werden nie richtig erzogen, bei größeren Hunden würde das gar nicht gehen".

Als Melinda am Wochenende mit ihrem Hund im Wald spazieren geht, in der Hoffnung, niemanden zu treffen, taucht in der Entfernung wieder ein Hund auf. Er ist nicht an der Leine und hat die beiden wohl schon bemerkt, denn er bleibt stehen und spitzt die Ohren. Plötzlich schießt er los und rennt auf die beiden zu. In ihrer Panik nimmt Melinda Stu auf ihren Arm und dreht sich von dem heranstürmenden Hund weg. Der Besitzer des Hundes ist diesmal näher dran. Melinda fragt vorsichtig, ob er seinen Hund vielleicht zu sich rufen oder anleinen kann. Er lacht und sagt: „Wenn du deinen Hund auf den Arm nimmst, wird er nie Sozialverhalten lernen, da musst du dich nicht wundern". Melinda schluckt, setzt ihren Weg weiter fort und setzt Stu wieder auf den Boden, sobald der Abstand zu dem freilaufenden Hund groß genug ist. Ihr fällt auf, dass Stu diesmal gar nicht gebellt hat.

Diese oder ähnliche Geschichten erreichen mich im Trainingsalltag immer wieder. Viele Kunden trauen sich fast gar nicht, mir zu erzählen, dass sie ihren Hund auf den Arm genommen haben. Es ist verpönt, einen kleinen Hund auf den Arm zu nehmen.

Meine Meinung dazu ist völlig anders. Eine der wesentlichsten Voraussetzungen dafür, dass ein Hund sozialverträglich wird oder bleibt, ist, dass er möglichst keine schlechten Erfahrungen mit anderen Hunden sammelt – oder eben genügend gute, in denen er sich wohl und sicher fühlt, um die negativen Ereignisse auszugleichen.

Vor allem im Welpenalter und in der Sozialisierungsphase ist es von großer Bedeutung, dem eigenen Hund zu vermitteln, dass er bei uns sicher ist. Insbesondere für kleine Rassen kann es sehr schmerzhaft sein, wenn ein körperlich überlegener Hund den Kleineren über den Haufen rennt. Viele Hundehalter denken leider immer noch, dass Hunde das schon unter sich regeln. Dabei ist es unsere Aufgabe, Hunden Regeln und Grenzen zu vermitteln und einzuschreiten, wenn sich ein Hund unwohl fühlt. Besonders schwierig sind Situationen, in denen ein oder mehrere Hunde auf ein Hund-Mensch-Team zukommen, die nicht angeleint sind und wenn der Besitzer nicht gewillt ist, sich abzusprechen und Rücksicht zu nehmen.

In solchen Situationen hat man nicht besonders viele Möglichkeiten. Die Richtung zu wechseln kann in Einzelfällen eine Lösung sein, oder auch das Abschirmen des eigenen Hundes zu üben. Hierbei bringt man seinem Hund bei, sich hinter den Menschen zu setzen und dort zu bleiben, sodass man den heranstürmenden Hund davon abhalten kann, ungebremst in den eigenen Hund reinzuspringen. Dies ist jedoch leichter gesagt als getan und bedarf Übung, damit der eigene Hund tatsächlich sitzen bleibt und der andere nicht an den eigenen Hund herankommt.

Insbesondere bei kleinen Hunden empfehle ich, sie in bestimmten Situationen auf den Arm zu nehmen, um ihnen Sicherheit zu vermitteln und ein traumatisches Erlebnis zu ersparen. Was nicht passieren darf ist, dass der Hund auf dem Arm lernt: „Ach super, von hier oben aus kann ich pöbeln, knurren und meinen Menschen verteidigen."

Den Hund vorsorglich in jeder Hundebegegnung auf den Arm zu nehmen ist ebenfalls nicht zielführend, denn das kann die Unsicherheit des Hundes in Bezug auf fremde Hunde verstärken. Problematisch kann es auch werden, wenn der herannahende Hund dann trotzdem Kontakt zu dem Hund auf dem Arm aufnehmen möchte.

Wünschenswert wäre ein respektvoller Umgang miteinander. Trifft man auf einen angeleinten Hund, ist das ein klares Zeichen, dass dieses Hund-Mensch-Team keinen Kontakt zwischen den beiden Hunden möchte. Absprechen, ob ein Kontakt entstehen soll, kann man sich ja immer, aber seinen Hund unangeleint auf ein fremdes Mensch-Hund-Team zu rennen zu lassen, wenn der Rückruf nicht sitzt, ist aus meiner Sicht ein No-Go.

Mein Hund schnappt nach meinem Sohn, was soll ich jetzt machen?

Ich sitze am Küchentisch einer jungen Mutter gegenüber. Auf dem Arm hält sie ihr wenige Wochen altes Baby, ihr kleiner Sohn krabbelt auf dem Boden und sie sieht angestrengt und erschöpft aus. Mit trauriger Stimme erzählt sie von Charly, ihrem Border Collie-Mix, den sie vor neun Monaten plötzlich aufgrund eines bösartigen Tumors einschläfern lassen musste. „Charly war so lieb, er hat überhaupt keine Probleme gemacht, mein Sohn hat ihn geliebt", sagt sie. Ich wusste, es wird schwierig, einen neuen Hund bei uns aufzunehmen, auch weil ich *schwanger* war. Aber ich konnte einfach nicht ohne Hund leben. Ich habe Charly so vermisst.

Wir haben uns für einen Welpen entschieden, ich wollte von Anfang an alles richtig machen. So ist Sam bei uns eingezogen, ein Border Collie Rüde. Er ist jetzt fünf Monate alt und ich weiß einfach nicht mehr weiter. Es ist nicht möglich, ihn zu beruhigen, er will 24 Stunden lang Aufmerksamkeit von mir,

dabei beschäftige ich mich wirklich viel mit ihm. Außerdem ist er sehr frech, er zerstört Spielzeug und klaut meinem Sohn Essen aus der Hand. Das Schlimmste ist, dass er nun anfängt, meinem Sohn hin und wieder in den Arm zu zwicken. Er beißt nicht, aber es war schon Speichel am Arm. Ich mache mir große Sorgen, wenn das so weiter geht, dann kann Sam nicht bei uns bleiben.

Hunde dürfen Kinder nicht anspringen, die Eltern müssen helfen.

Innerlich seufze ich einmal tief. Ich habe Mitleid mit meiner Kundin, sehe ihre Erschöpfung. Auch um die Kinder mache ich mir Sorgen, sie merken, dass ihre Mama traurig ist. Außerdem sollte die Familie ein sicherer Ort sein, an dem man als Kind keine Angst vor einem Hund haben sollte. Und vor allem mache ich mir Sorgen um Sam.

Häufig werden wir Trainer erst kontaktiert, wenn es schon fast zu spät ist, quasi als letzte Chance, bevor der Hund abgegeben werden soll. Leider, denn um ein harmonisches Zusammenleben zu ermöglichen, ist es sehr hilfreich, bereits während der Schwangerschaft mit dem Training zu beginnen.

Man könnte auch denken: Kleine Kinder und Hund? Das passt doch nicht zusammen. Eltern sollten sich entscheiden, sonst kommen die Kinder oder aber der Hund schnell zu kurz.

Doch trotz vieler Probleme, die im Zusammenleben entstehen können, haben Kinder, die mit einem Hund aufwachsen, viele Vorteile. Neben der Stärkung des Selbstbewusstseins lernen sie, verantwortungsvoll mit einem anderen Lebewesen umzugehen. Spielerisch können Eltern ihre Kinder dabei unterstützen, sich Wissen über das Ausdrucksverhalten und die Versorgung von anderen Lebewesen an-

zueignen. Was frisst ein Hund, was bedeutet es, wenn der Hund hechelt oder mit der Rute wedelt? Wie verhalte ich mich, wenn ein Hund auf mich zuläuft und wie streichele ich einen Hund, sodass es ihm gefällt? Auch bei Tabuthemen wie dem Tod und Krankheiten kann ein Hund bei der Auseinandersetzung helfen.

Viele Erwachsene erinnern sich beim Thema Hund an einen treuen Spielkameraden, dem man alles erzählen kann, der nicht wertet oder urteilt. Gemeinsam erlebt man die Natur, denn der Hund braucht täglich Auslauf.

Kriegt man das mit einem Hund, der bereits anfängt, in die Arme der Kinder zu beißen, denn überhaupt noch wieder hin?

Entscheidend ist zum einen die Aufgabenverteilung innerhalb der Familie. Wir müssen uns von dem Gedanken lösen, dass unsere Kinder wesentliche Erziehungsaufgaben im Training mit Hunden übernehmen können. Entscheidend dabei ist nicht die Reife und Verantwortungsbereitschaft des Kindes. Fakt ist nämlich, dass Hunde unsere Kinder als „nichterwachsene" Familienmitglieder ansehen, die keine erzieherischen Aufgaben übernehmen können. Die Erwachsenen müssen Regeln aufstellen und Kind und Hund nicht aus den Augen lassen.

Bewegungsreize aushalten zu lernen steht häufig als erste Trainingsmaßnahme auf dem Plan. Die Umstrukturierung des Tagesablaufs und weitere Management-Maßnahmen im Alltag helfen, die Situation zu entspannen und Konfliktsituationen zwischen Kind und Hund zu vermeiden.

Kinder sollten Hunde nicht umarmen, um Konflikten vorzubeugen.

Immer müssen es die teuren Dinge sein, warum nimmt er nicht einfach meine alten Schuhe?

Wenn ein Welpe bei dir eingezogen ist, kennst du das ganz bestimmt: Deine Lieblingsschuhe, die Fernbedienung oder aber auch die Zimmerpflanze wurden zerstört.

Doch warum sind es immer die Dinge, die uns besonders am Herzen liegen? Der Welpe könnte doch auch die alten Schuhe nehmen oder sein Spielzeug.

Tja, diese Frage ist eigentlich ganz einfach zu beantworten. Denn worum geht es dabei? Na klar, um Aufmerksamkeit.

Hunde lernen vor allem über Versuch und Irrtum. Einfach erklärt heißt das: Alles, was gut klappt und mich zu meinem Ziel bringt, das mache ich öfter. Ein wirklich wichtiges Thema ist, dass Hunde lernen müssen, Langeweile auszuhalten und sich genügend auszuruhen. Niemand kann seinen Hund rund um die Uhr bespaßen und der Alltag bringt einfach mit sich, dass unseren Hund auch mal langweilig ist. Um diese Langeweile loszuwerden, versuchen sie, unsere Aufmerksamkeit zu bekommen.

Hierfür probieren sie alle möglichen Tricks aus. Angefangen mit jammernden, herzzerreißenden Geräuschen, dem Hundeblick, den Kopf in unseren Schoß legen, die Pfote auf unsere Beine legen, mit der Nase stupsen, Spielzeug holen, auf dem Rücken liegen, um gekrault zu werden, in der Küche betteln, uns im Haus verfolgen, anspringen, in die Füße zwicken, bellen, die wilden fünf Minuten kriegen und eben auch Schuhe und andere Gegen-

Hunde suchen sich oft Dinge, die uns besonders wichtig sind.

stände ins Maul nehmen. Häufig führt dieses Verhalten unserer Hunde bei uns Menschen zu falschen Schlussfolgerungen. Wir denken, wir müssen die Hunde mehr bespaßen. Eine ausreichende Auslastung, sowohl körperlich, aber auch geistig ist absolut notwendig, das stimmt. Aber nun mal nicht 24 Stunden sieben Tage die Woche.

Um ausgeglichen zu sein und uns im Alltag begleiten zu können, müssen sich Hunde genügend regenerieren. Ich kenne kaum einen Welpen, der das von ganz alleine schafft und sich bis zu 20 Stunden am Tag ausruht, wie er es eigentlich sollte.

Warum sind es aber die schönen Dinge, die der Welpe zerstört? Weil ein Hund uns sehr genau beobachtet und blitzschnell merkt, wann wir sofort reagieren. Macht ein Welpe also die Erfahrung, dass er sein Spielzeug oder die alten Schuhe ruhig nehmen darf, er also keine oder nur wenig Aufmerksamkeit dafür bekommt, dann wird das Spiel schnell langweilig. Schnappt man sich allerdings die neuen Schuhe oder das Sofakissen, dann ist gleich richtig was los in der Bude.

„Aber ich schimpfe doch und spiele nicht mit ihm!", wirst du dich nun fragen. Kann dein Welpe wählen zwischen Langeweile und niemand beachtet ihn und einem aufgebrachten Menschen, der mit ihm schimpft, dann wird er wohl die Aufmerksamkeit wählen, auch wenn diese negativ oder unangenehm für ihn ist.

Was können wir also aus diesen Erkenntnissen für das Training mitnehmen?

Mit einem Welpen muss man unbedingt üben, Langeweile auszuhalten. Es gibt verschiedene Möglichkeiten, darauf zu reagieren, dass dein Welpe Schuhe klaut, das Training muss auf den Charakter des Welpen angepasst werden. Bei manchen Welpen reicht es vielleicht schon, die wichtigen Gegenstände hochzustellen und das Zerstören unwichtiger Gegenstände zu ignorieren, solange sich der Welpe nicht in Lebensgefahr bringt. Bei anderen Charakteren muss man das Üben der Langeweile in den Alltag integrieren, statt erst zu schimpfen, wenn der Welpe bereits überdreht ist oder man schon sehr genervt ist.

Wie ist es bei euch im Alltag, gibt es Momente, in denen du bewusst das Aushalten von Langeweile mit deinem Hund übst?

Hunde brauchen klare Regeln und Konsequenzen.

Wie oft darf man eigentlich „NEIN" sagen?

Eine Freundin von mir hat ein Baby bekommen, die Kleine fängt nun langsam zu sprechen an. Wisst ihr, welches eins der ersten Wörter war, dass sie sagte? Da der Titel es schon verrät, es war das Wort „Nein!". Zum Glück war es nicht das allererste Wort.

Wie der Zufall es so will, hat meine Freundin einen Hund. Emma ist eine ganz liebe Hündin. Trotzdem macht sie manchmal Quatsch, besonders, seit das Baby da ist und sie sich die Aufmerksamkeit teilen muss. Dann hört sie oft: „Nein, Emma, lass das! Emma NEIN!"

Aber warum müssen die Menschen dieses Wort so oft wiederholen? „Nein" meint doch eigentlich, dass der Hund jetzt damit aufhören soll. Woran kann es liegen, wenn dieses Signal nicht so richtig funktioniert?

Tritt ein Verhalten auf, das unerwünscht ist, haben wir verschiedene Möglichkeiten, darauf zu reagieren. Schauen wir uns hierzu ein Beispiel an. Insbesondere Welpen machen ja noch ziemlich viel Blödsinn, sie müssen Regeln erst lernen und testen andauernd unsere Grenzen.

Thomas und seine Hündin Mona haben den Nachmittag im Garten verbracht. Thomas hat den Rasen gemäht und Mona Blätter gefangen. Nun wird es Zeit, ins Haus zu gehen, es wird schon dunkel. Freundlich spricht Thomas Mona an und versucht, sie zu sich zu locken. Auf der Stelle kommt sie angeflitzt, doch während er sie festhalten will, schlägt sie einen Haken in die andere Richtung. Anstatt ihm ins Haus zu folgen, startet sie ein wildes Fangspiel.

Stellt euch vor, wir zeichnen einen großen Kreis, also ein Tortendiagramm. Jede Art, wie wir auf ein Verhalten reagieren können, wird als Tortenstück eingezeichnet. Diese Beispiele beruhen auf der Lerntheorie der operanten Konditionierung.

Hierzu gehören in Bezug auf unerwünschtes Verhalten:

1. **Unerwünschtes Verhalten nicht unbewusst in anderen Situationen belohnen.** In Thomas Fall heißt das: Zukünftig nicht mehr auf ein Fangspiel mit Mona im Garten einsteigen.

2. **Ignorieren.** Wir schenken dem unerwünschten Verhalten keine Aufmerksamkeit. Thomas sollte Mona also nicht hinterherlaufen und sie nicht weiter zu sich locken.

3. **„NEIN":** der Hund soll dieses Verhalten jetzt unterbrechen und damit aufhören. Thomas könnte mithilfe eines Verbots versuchen, Monas Fangspiel zu unterbrechen.

4. **Etwas Schönes oder Angenehmes wegnehmen.** Hiermit ist gemeint, dem Welpen zum Beispiel die Aufmerksamkeit zu entziehen, so wie in Tipp Nummer zwei beschrieben. In Thomas Fall wäre das Ignorieren gerade sicherlich ineffektiv, da Mona sich selbst belohnt und es ihr egal ist, ob Thomas mitmacht oder nicht. Wirkungsvoll könnte aber sein, sich mit einer Schleppleine zu behelfen. Wenn Thomas weiß, dass Mona so eine Nummer abends immer abzieht, dann könnte er sie mithilfe einer kurzen Schleppleine im Garten laufen lassen. Kommt Mona nicht, obwohl er sie gerufen hat, kann er sie mithilfe der Schleppleine unverzüglich ins Haus bringen. Dadurch entzieht er Mona die Bewegungsfreiheit und verhindert, dass sie

ihre Runden im Garten dreht und sich selbst belohnt.

5. Belohnen. Hierbei handelt es sich um die effektivste Lernmethode. Thomas könnte sich überlegen, was Mona besonders motivieren würde. Manche Hunde mögen Nahrung, andere lassen sich für ein gemeinsames Apportierspiel begeistern. Im Sinne eines guten Rückrufs könnte Thomas überprüfen, ob er den Rückruf im Alltag genügend belohnt, damit er auch in einer schwierigen Situation, wie abends im Garten, klappt.

6. Positive* Bestrafung. Diese Form sollte einen extrem geringen Teil des Tortendiagramms einnehmen. Schreckreize führen häufig zu Angst, Schmerzen, dem Gefühl von Hilflosigkeit, Überforderung und Kontrollverlust. Zur positiven Bestrafung zählt auch, dass wir körperlich oder laut mit dem Hund werden. Es bringt also überhaupt nichts, wenn Thomas laut wird, aufstampft und Mona bestraft, wenn er sie doch zu packen kriegt. Darüber wird sie nicht lernen, zukünftig zu hören, wenn er sie ruft.

Wichtig ist also, dass wir Situationen, die sich wiederholen und wir wütend werden, nüchtern reflektieren und uns überlegen, wie wir mit einer passenden Strategie die nächste Situation besser in den Griff bekommen. Abseits dieser Probleme im Alltag müssen Grundsignale und Langeweile auszuhalten, ausreichend geübt und trainiert werden.

Belohnung

Ignoranz

Etwas Schönes wegnehmen

Nein!

Tabu

„Positiv" ist hier im Sinne eines Hinzufügens / Addierens zu verstehen (+).

Es gibt verschiedene Möglichkeiten, auf unerwünschtes Verhalten des Hundes zu reagieren. Welche Reaktion die zielführendste darstellt, ist abhängig vom Hund und der jeweiligen Situation und sollte nicht von der Stimmungslage des Menschen abhängen.

Wie bringe ich meinem Hund ein Signal bei?

Wieso hören manche Hunde wirklich super auf den Rückruf, andere kannst du dagegen rufen und sie scheinen überhaupt nicht zu hören? Da hilft oft auch lautes Gebrüll nichts.

Meine Antwort: Auf die richtige Technik und das richtige Timing kommt es an, denn Signale können so verknüpft werden, dass der Hund fast reflexartig darauf reagiert.

Als Trainerin sollte man aus meiner Sicht die wichtigsten Theorien zum Thema Lernverhalten aus dem Effeff erklären können. Nicht bis ins kleinste Detail, aber in Bezug auf die wichtigen Grundsignale beim Hund, damit man Trainingsmethoden einschätzen und bewerten kann.

Also erkläre ich heute mal an einem ganz einfachen Beispiel, wie man ein neues Signal aufbaut.

Diese Form des Lernens nutzen wir bei Hunden besonders dann, wenn NEUE Signale gelernt werden sollen. In unserem einfachen Beispiel schauen wir uns an, wie ein Hund mit unserer Hilfe den Trick „Dreh dich" lernen kann. Hiermit ist gemeint, dass man die beiden Wörter „Dreh dich" und eine entsprechende Handbewegung nutzt, um dem Hund das Signal zu geben, dass er sich einmal im Kreis um sich selbst dreht.

Bevor wir mit dem Training starten, weiß unser Hund, nennen wir ihn Erna, noch nicht was er machen soll. Wenn wir mit dem Finger eine Drehbewegung zeigen und „Dreh dich" sagen, passiert noch gar nichts. Voraussetzung, dass unser Training funktioniert, ist, dass Erna ein Futterstückchen gut findet und diesem mit der Nase folgt, wenn wir es ihr zeigen und vor die Nase halten.

Im entscheidenden Schritt, den wir unzählige Male wiederholen müssen, führen wir Erna mithilfe des Futterstücks an der Nase herum, und zwar so, dass sie sich einmal um sich selbst dreht. Dabei sagen wir: „Dreh dich". Zu Anfang einer neuen Übung ist immer Geduld gefragt, nach ein paar Wiederholungen klappt es in der Regel schon besser. Erna lernt: „Das, was ich gerade mache, heißt „Dreh dich". Wichtig ist, das Signal immer während der Übung zu sagen, nicht vorher.

Wiederholen wir diesen Vorgang wirklich oft, können wir diese Übung ohne Futterstückchen in der Hand ausprobieren. Ziel dabei ist es, die Hand nur noch wenig bewegen zu müssen, also nur noch eine kleine Kreisbewegung zu zeigen und „Dreh dich" zu sagen, ohne dass man das Futterstück in der Hand halten muss.

Um zu prüfen, ob unser Ziel erreicht ist, ändern wir jetzt die Reihenfolge. Wir sagen und zeigen zuerst das Signal („Dreh dich", kreisende Handbewegung). Wenn sich Erna daraufhin um sich selbst dreht, ist unser Ziel erreicht. Nun haben wir eine Veränderung erreicht, denn das Signal wird nicht mehr während des Tricks gesagt und gezeigt, sondern bevor Erna sich dreht. Klappt dieser Schritt noch nicht, müssen wir den vorherigen Trainingsschritt noch öfter wiederholen, bis Erna das Verhalten auch wirklich mit den Signalen („Dreh dich", kreisende Handbewegung) verknüpft.

Damit sie motiviert bleibt, verstärken wir Ernas Verhalten, indem sie für das Ziel eine Belohnung erhält. Dabei muss es sich nicht immer um Futter handeln, es kann auch ein Apportierspiel sein, je nachdem, was Erna gerne mag. Dieser Mechanismus wird als positive Verstärkung bezeichnet.

Die Übung sieht wie folgt aus: „Dreh dich" und Handzeichen. Erna dreht sich um sich selbst. Erna erhält ein Leckerchen.

Eigentlich doch ganz einfach, oder?

Wichtig ist, dass es immer verschiedene Trainingswege für den Aufbau eines Signals gibt und je nach Hund, aber auch je nach Mensch, kann ein anderer Trainingsweg passender sein.

Schwieriger wird es bei Signalen vor allem dann, wenn die Ablenkung groß ist. Daher üben wir den Trick erst einmal in der ablenkungsärmeren Wohnung, später auch im Garten.

So oder so ähnlich können wir unseren Hunden alle Signale verständlich vermitteln, ohne körperlich oder grob mit ihnen werden zu müssen.

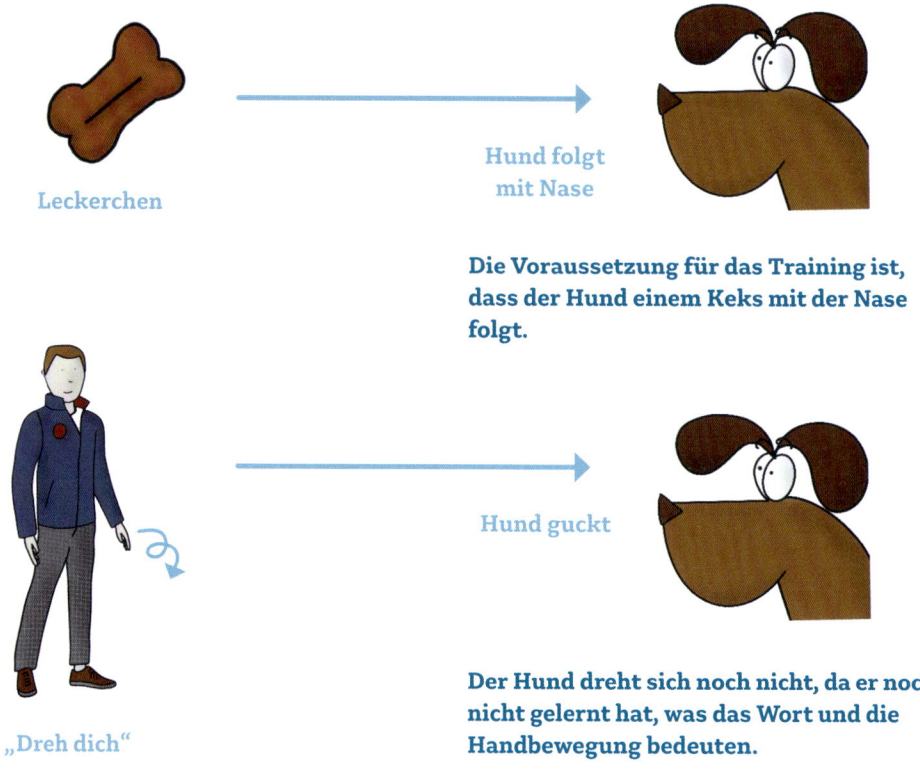

Leckerchen

Hund folgt mit Nase

Die Voraussetzung für das Training ist, dass der Hund einem Keks mit der Nase folgt.

Hund guckt

„Dreh dich"

Der Hund dreht sich noch nicht, da er noch nicht gelernt hat, was das Wort und die Handbewegung bedeuten.

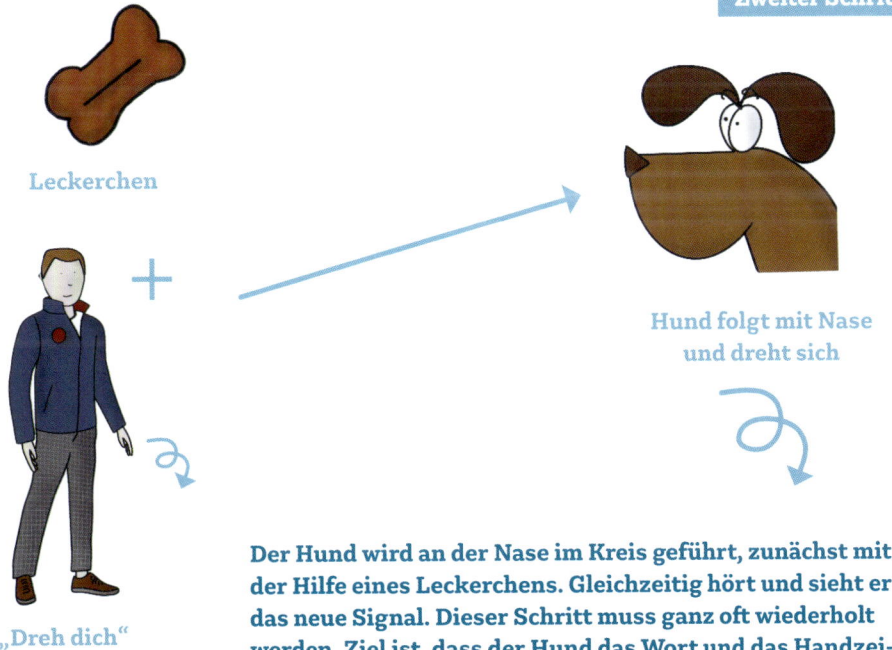

Leckerchen

„Dreh dich"

Hund folgt mit Nase
und dreht sich

Der Hund wird an der Nase im Kreis geführt, zunächst mit
der Hilfe eines Leckerchens. Gleichzeitig hört und sieht er
das neue Signal. Dieser Schritt muss ganz oft wiederholt
werden. Ziel ist, dass der Hund das Wort und das Handzeichen mit der Drehung um sich selbst verknüpft.

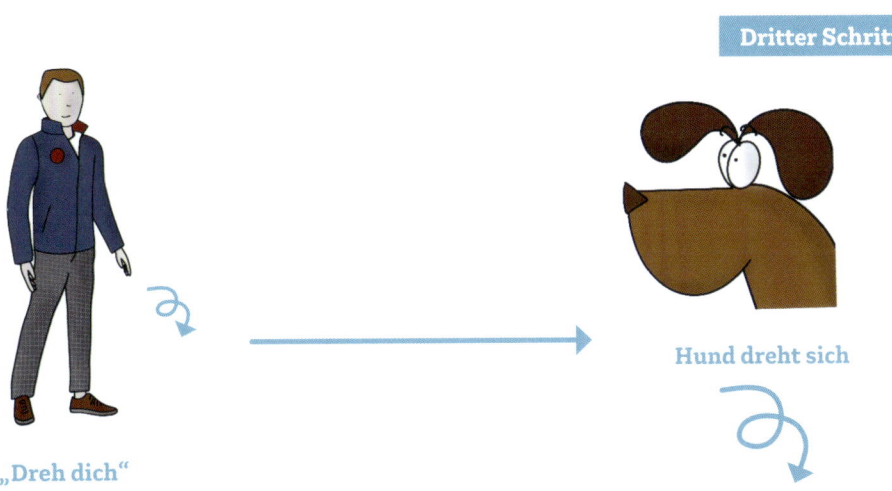

Dritter Schritt:

„Dreh dich"

Hund dreht sich

Der Mensch sagt und zeigt das Signal. Der Hund hat das neue Signal gelernt und weiß,
was es bedeutet, nämlich dass er sich im Kreis drehen soll. Ein Leckerchen vor der Nase
ist jetzt während der Übung nicht mehr notwendig.

DER JUNGHUND

Es klingelt, mein Hund bellt
und rennt zur Tür – was kann ich tun?

Zieht ein Welpe in das neue Zuhause ein, stehen erst einmal Themen wie die Stubenreinheit, die wilden fünf Minuten, das Einhalten von Ruhephasen oder auch das Erlernen der Beißhemmung auf dem Plan. Das Thema Bellen an der Haustür ist selten ein Thema. Oft berichten Hundeeltern stolz, dass der Welpe beim Klingeln an der Haustür gar nicht bellt. Nicht

selten tritt die Prognose ein, dass sich das im Junghundealter ändern wird. Woran liegt das?

Zieht unser Hund als Welpe ein, liegt das Aufpassen auf Haus und Hof noch nicht im Fokus seines Interesses, sondern Fressen, Schlafen, Spielen und Urin absetzen. Mit der Pubertät und schließlich dem Erwachsenenalter wird das Aufpassen für den Hund zu einem wichtigen Bestandteil im Alltag. Unsere Wohnung ist für den Hund ein Rückzugsort und vergleichbar mit der Höhle, in der die Welpen ursprünglich aufgezogen wurden. Es war nicht üblich, dass der Höhleneingang ungefragt von Fremden betreten wird. Bei uns Menschen ist das aus Hundesicht anders.

Das stürmische Begrüßen im Alltag zeigt sich dann auch bei Besuch.

Außerdem verknüpfen Hunde das Geräusch der Klingel sehr schnell damit, dass jemand vor der Haustür steht und hereinkommen wird. Hierbei handelt es sich um eine Verknüpfung (Klassische Konditionierung), die wir Menschen eigentlich gar nicht so beabsichtigen.

Viele Hunde sind beim Klingeln der Haustür sehr aufgeregt. Manche Hunde begegnen dem Besuch freundlich aufgeregt, andere sind außer sich und ihnen wäre am liebsten, der Besuch würde die Wohnung nicht betreten. Daher ist es zunächst einmal wichtig herauszufinden, welche Ursache hinter dem Bellen steckt.

Im nächsten Schritt ist es dann unsere Aufgabe, den Hunden zu vermitteln, dass es unsere Aufgabe ist, für Sicherheit zu sorgen und dass wir ganz genau prüfen, wer hereinkommen darf. Denn da sind wir uns ja einig, wir lassen ja keine Einbrecher ins Haus.

Nun ein Beispiel, wie ein Ergebnis eines solchen Trainings aussehen kann:

Bei meinem letzten Hausbesuch erzählte mir Ulli folgendes: „Du wirst es nicht glauben. Letzten Dienstag hatte ich eine Freundin zu Besuch. Normalerweise begrüßt Paulchen meine Freundin immer ganz überschwänglich, nachdem er beim Klingeln zunächst die Bude zusammen bellt. Wenn er sie dann begrüßt hat, ist alles gut, er legt sich dann unter den Tisch. Diesmal war ich vorbereitet, wir hatten ja Hausaufgaben. Und siehe da, ich war selbst ganz erstaunt, Paulchen ist auf seiner Decke geblieben, während ich zur Tür gelaufen bin und meine Freundin ohne nerviges Bellen und hochspringen in Empfang nehmen konnte. Paulchen lag total entspannt auf seinem Platz."

Ich erwiderte: „Super, das ist ja ein riesiger Erfolg!"

„Ja", sagte meine Kundin, „aber weißt du was? Meine Freundin war sehr beleidigt. Sie war unheimlich empört, dass Paulchen sie nun nicht mehr begrüßen darf. Ich glaub, sie wird sich daran gewöhnen müssen. Aber für mich war es einfach nur stressfrei und sehr entspannt! Und was ich am allerschönsten fand: Paulchen ist auf seiner Decke eingeschlafen, während wir Kaffee getrunken haben. Als wir ihn dann gerufen haben, ist er ganz ruhig hergekommen und hat sich streicheln lassen."

Wie hat Ulli es geschafft, dass Paulchen auf seiner Decke geblieben ist? Der Trainingsweg ist gar nicht so schwierig, allerdings bedarf es viel Ausdauer und Energie, die Trainingsschritte in kleinen Schritten immer wieder und sehr oft zu wiederholen. Letzendlich bringt man dem Hund ein wirklich gutes Bleib bei. Dieses Signal bedeutet so viel wie: Bleib hier an Ort und Stelle sitzen, egal, was passiert. Dafür startet man erst einmal ohne Besuch und bringt dem Hund bei, auf der Decke zu bleiben, während man sich im Haus bewegt. Mit einigen Zwischenschritten schafft man es dann nach und nach, die Haustür zu öffnen, zu klingeln und letztendlich auch Besuch einzuladen, ohne dass der Hund aufsteht. Sehr hilfreich ist es, bereits mit einem Welpen diesen Ablauf zu üben und ihm von Anfang an beizubringen, nicht zur Haustür zu stürmen. Je ritualisierter ein Verhalten ist, also je länger ein Hund sich in einem bestimmten Verhalten schult, desto schwieriger und zeitaufwendiger wird es, den Hund von einer Alternative zu überzeugen. Voraussetzung ist aber erst einmal, dass wir Menschen von der Notwendigkeit eines solchen Rituals überzeugt sind und wir uns nicht insgeheim doch wünschen, dass der Hund den Besuch „begrüßt".

Mein Hund bellt zu viel – was kann ich tun?

Wenn ich dich fragen würde, was wohl das effektivste Mittel ist, welches ein Hund nutzen kann, um Aufmerksamkeit zu bekommen oder seinen Willen durchzusetzen, was würdest du sagen? Vielleicht wäre deine Antwort: „Wenn er so lieb guckt" oder „Wenn er zum Schrank mit den Leckereien läuft".

Aus meinem Berufsalltag fallen mir unzählige Möglichkeiten ein, wie ein Hund auf sich auf-

merksam machen kann und häufig reagieren wir Menschen auch darauf und finden es eigentlich ganz süß. „Ich muss ja wissen, was er von mir will" hat mal eine Kundin zu mir gesagt. Ich musste schmunzeln, denn eigentlich sollte es doch andersherum sein?

Solange wir unseren Hunden im Alltag auch die Aufmerksamkeit schenken können, werde ich als Trainerin auch eigentlich nicht hinzugeru-

Forderndes Bellen darf nicht belohnt werden.

fen. Anders sieht es aus, wenn der Hund zu anderen Mitteln greift. Nämlich, wenn er anfängt, fordernd zu bellen.

Wir stehen im Garten und sprechen darüber, dass die Hündin meiner Kundin lautstark bellt, und zwar jedes Mal, wenn sich am Fenster etwas bewegt. Ich frage, ob das Bellen auch in anderen Situationen vorkommt. Und siehe da: Anke wirft Bella den Ball, diese stürzt aufgeregt hinterher. Sie nimmt ihn ins Maul und dreht eine Runde durch den Garten, bis sie zu uns zurückkommt, dann lässt sie den Ball vor Ankes Füße fallen. Während Anke sich nach vorne beugt, um den Ball aufzunehmen, bellt Bella laut und fordernd. „Macht sie das öfter?", frage ich. „Ja, immer wenn ich nicht schnell genug bin", sagt Anke, wir beide grinsen. Denn eigentlich weiß Anke ganz genau, dass Bella laut und deutlich: „Wirf, wirf, wirf!" ruft.

Häufig finden wir die Ursache für lautes Bellen im Alltag im Verhalten der Menschen. Zum einen bringen wir unseren Hunden das Bellen bei, indem wir es unbewusst verstärken. Andererseits nervt es uns dann, wenn wir gerade keine Zeit haben und die Hunde trotzdem forderndes Verhalten zeigen.

Solange Anke den Ball wirft, während Bella bellt, wird sich Bellas Verhalten immer weiter festigen.

Manchmal bekommt Anke Besuch und sie setzt sich mit ihrer Freundin an den Tisch, trinkt Tee und isst Kuchen. Nach kurzer Zeit wird es Bella offensichtlich langweilig. Zunächst versucht sie Anke wie gewöhnlich dazuzubekommen, sich mit ihr zu beschäftigen und sie versucht auf ihren Schoß zu klettern. „Jetzt nicht, Bella", sagt Anke häufig, „ich habe eine gute Hose an". Bella überlegt dann kurz und holt ihr Spielzeug aus der Ecke. Sie legt es Anke vor die Füße. „Nein jetzt nicht Bella, ich unterhalte mich ge-

rade" versucht es Anke dann immer zu erklären. Bella wartet meistens noch kurz. Dann beginnt sie frustriert zu bellen.

Tja, und wie gewöhnt man dem Hund das Bellen nun wieder ab? Am besten ist es, das Verhalten erst gar nicht so weit zu fördern, denn häufig gelangen wir Menschen in eine Zwickmühle. Denn im Gegensatz zum Hochklettern, Anspringen oder Spielzeugbringen nervt das Bellen die Nachbarn. Dadurch werden wir erpressbar, die Hunde merken sofort, dass wir das Bellen nicht lange aushalten und sie eine hervorragende Möglichkeit gefunden haben, uns um den Finger zu wickeln.

Für Hunde ist es absolut schwierig zu verstehen, dass Regeln nicht immer gleich sind. Sie können nicht begreifen, warum das Fordern in der einen Situation als süß empfunden wird und in der anderen Situation aber so störend, dass der Mensch zu einer Bestrafung greift.

Wenn das Bellen schon stark etabliert ist und der Hund dieses Verhalten öfter zeigt, ist die Haupttrainingsaufgabe, dieses Verhalten abzubauen, also nicht mehr darauf zu reagieren. Gleichzeitig kann es helfen, das Frustaushalten spielerisch in die tägliche Beschäftigung mit dem Hund einzubauen. Diese Form des Trainings ist für alle Beteiligten sehr anstrengend. Daher appelliere ich an dich, im Alltag möglichst wenig auf das fordernde Verhalten deines Hundes einzugehen, damit er gar nicht erst lernt, dass dieses Verhalten für ihn zielführend ist.

Bei erwachsenen Hunden gibt es noch weitere Ursachen, warum ein Hund bellt, insbesondere, wenn er dieses Verhalten an der Leine oder am Gartenzaun zeigt. Hier ist es wichtig, genau zu schauen, was uns die Körpersprache über die Ursache verrät, um dann ein spezielles Training aufzubauen.

Was hat die Aggression von Hunden mit Dominosteinen zu tun?

Leider gehöre ich zu den Hundemenschen, die im Alltag schon öfter mit dem Thema der Aggression gegenüber Artgenossen zu tun hatten. Sicherlich auch berufsbedingt, sowohl in der Tiermedizin als auch als Hundetrainerin, aber auch im Zusammenleben mit meinem eigenen Hund.

Gleichzeitig gibt es viele Menschen, die glücklicherweise bisher noch nicht damit in Kontakt gekommen sind. Dies hat sicherlich auch mit Pech und Glück zu tun, denn aus meiner Erfahrung liegt eine häufige Ursache für Aggressionsverhalten darin, wem beziehungsweise welchen Hund man als Mensch-Hund-Team im Alltag begegnet. Sei es im Hundepark, den man schon unzählige Male besucht hat und gute Erfahrungen mit dem Umgang mit anderen Hunden gesammelt hat oder auf einem vermeintlich einsamen Spaziergang im abgelegenen Wald. Plötzlich kommt der Tag der Tage, an dem der eigene Hund von einem anderen angegriffen wird, glücklicherweise nicht immer mit der Folge schwerer körperlicher Verletzungen.

Wählt man für den Spaziergang eher abgelegenere Orte, begegnet man aus meiner Erfahrung häufig Hofhunden, die unangeleint das eigene Territorium bewachen und aus deren Sicht leider auch die Straße mit dazu gehört, auf der man sich bewegt. Auch in dem Wohngebiet, in dem ich wohne, hört man nachmittags bei offenem Fenster häufiger lautstarkes Bellen und offensichtliche Konflikte zwischen Hunden und ihren Haltern. Oder man begegnet im Wald einem unangeleinten Hund, der lautstark bellend und ohne Halter auf einen zugestürmt kommt.

So wird aus einem Hund, der von Welpenalter an friedlich und verträglich mit anderen Hunden umgegangen ist, nach der einen oder anderen Konfliktsituation vermeintlich plötzlich ein aggressiver und sozial unverträglicher Hund. Ein Hund lernt schnell, dass er mit friedlichem Verhalten keinen Konflikt abwenden kann, sein Mensch oder sogar die Familie aus seiner Sicht in Gefahr gerät und niemand außenstehendes die Situation für ihn regelt.

Gleichzeitig kommt es vor, dass mehrere Mensch-Hund-Teams vom selben Hund und Halter berichten, der zum Auslöser für aggressives Verhalten verschiedener Hunde wird. Wird der eigene Hund plötzlich vom Opfer zum Täter und reagiert aggressiv auf andere Hunde, kann das sehr erschreckend für die Menschen sein.

Es entsteht aus meiner Sicht eine Art Kettenreaktion: Ein Hund, der aggressives Verhalten anderen Hunden gegenüber zeigt, kann zum Auslöser für aggressives Verhalten eines oder mehrerer anderer Hunde werden. Diese wiederum können sich in ihrem Verhalten verändern und somit zum Auslöser für andere Hunde werden. Sicherlich ist diese Einordnung eine Pauschalisierung, denn es gibt auch souveräne Hunde, die mit einem solchen traumatischen Erlebnis relativ gut umgehen können und nicht aus jeder Konfliktsituation unter Hunden entstehen gleich gefährliche Hunde.

Prinzipiell können immer Konflikte unter Hunden entstehen und Aggression gehört zum Verhaltensspektrum eines „normalen" Hundes dazu. Für ein gutes und angemessenes soziales

Verhalten ist es sehr wichtig, dass Hunde eine Art Referenzsystem aufbauen. Damit ist gemeint, dass sie so viele gute Erfahrungen mit anderen Hunden gemacht haben, dass ein einmaliges Erlebnis weniger stark Einfluss nimmt. Ein Hund, der plötzlich auf einen aggressiv gestimmten Hund trifft, im Anschluss an dieses Erlebnis aber mehreren freundlichen Hunden begegnet, kann lernen, dass nicht alle Hunde potenziell gefährlich sind, sondern nur dieser eine.

Je öfter ein Hund schlechte Erfahrungen mit anderen Hunden macht, desto eher wird er andere Hunde in dieselbe Kategorie einordnen und weniger offen und entspannt mit neuen Hundekontakten umgehen.

Was können wir also tun? Das ist eine schwierige Frage, denn kritisch wird es dann, wenn wir auf andere Menschen beziehungsweise

andere Hundehalter und deren respektvollen Umgang mit uns angewiesen sind. Ganz wichtig finde ich, sich selbst bewusst zu machen, dass es bei der Sozialisierung von Hunden mit Artgenossen um Qualität und nicht um Quantität geht. Das heißt im Klartext: Ich persönlich rate davon ab, mit seinem Hund sogenannte Freilaufflächen aufzusuchen, nur um ihn möglichst mit vielen Hunden zu sozialisieren. Der Hundefreilauf sollte bestimmten Regeln unterliegen, die von allen Beteiligten eingehalten und umgesetzt werden. Das meint ein ganz klares Eingreifen, wenn ein Hund sich unwohl fühlt, unsicheres Verhalten oder Aggressionsverhalten zeigt.

Wird ein Hund gebissen, zeigt er dieses Verhalten später oftmals gegenüber anderen Hunden.

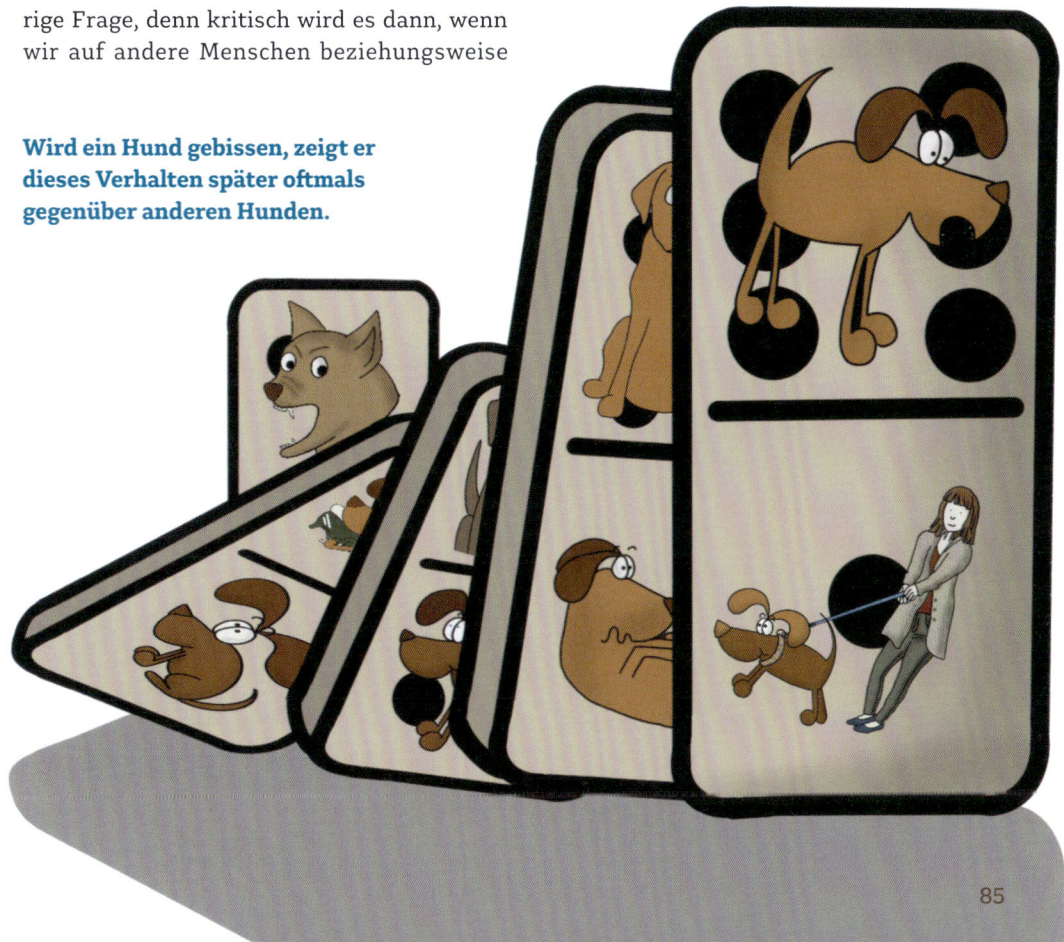

Um dafür zu sorgen, dass dein Hund freundlich auf andere Hunde zugeht, sollte er von dir vor Übergriffen durch andere Hunde geschützt werden, damit er nicht traumatisiert wird. Du verhinderst also, dass die Dominosteine weiter umfallen.

Bei der Erziehung von Welpen sollte ebenfalls darauf geachtet werden, dass diese einen höflichen Umgangston miteinander lernen. Dazu gehört für mich, den unsicheren Welpen Zeit zu geben, andere Welpen kennenzulernen, sie nicht zum Kontakt zu zwingen und sie nicht zu überfordern. Welpen, die schon sehr mutig sind und versuchen, anderen Welpen in die Ohren zu beißen, aufzureiten oder körperlich bedrängen, sollten ausgebremst werden, damit sie ihre eigene Kraft einschätzen lernen und ein nettes Spiel untereinander erst möglich wird.

Passiert es dann im Alltag doch einmal, dass ein Welpe oder Junghund von einem anderen Hund verletzt wird, dann kann er innerhalb einer gut geführten Welpengruppe wieder gute Erfahrungen sammeln und die Menschen können den Kontakt zu befreundeten Hundeeltern aus der Welpen- und Junghundegruppe nutzen.

Kann ich die Grundsignale so gut trainieren, dass mein Hund fast wie ferngesteuert funktioniert?

Ich bin mit einer Freundin und ihrer Hündin Lilo im Wald unterwegs, es ist Juni und es gilt die Pflicht, Hunde im Wald aufgrund der Brut- und Setzzeit an der Leine zu führen. Wir schlendern unseren Weg entlang, hin und wieder versteckt meine Freundin ein paar Hundekekse und wirft den Dummy.

Wir steuern auf die nächste Weggabelung zu, da kommt plötzlich ein Hund auf uns zugestürmt. Er begrüßt Lilo stürmisch an der Leine. Zum Glück ist Lilo ziemlich entspannt, was andere Hundekontakte angeht und reagiert souverän und gelassen. Der Hund verliert kurzzeitig das Interesse an Lilo und begrüßt mich überschwänglich, springt an mir hoch und versucht mir das Gesicht zu lecken. Endlich wird die Besitzerin in der Ferne sichtbar. Sie sieht uns und ihren Hund, reagiert aber nicht. Der Hund flitzt wie ein Verrückter um uns herum und dreht seine Runden durch das Unterholz. Plötzlich schreckt ein Hase hoch und der Hund nimmt die Verfolgung auf.

Auf dem Rückweg fragen wir uns, warum die Besitzerin ihren Hund nicht zu sich gerufen hat. Ob sie nicht weiß, dass wir Brut- und Setzzeit haben und eigentlich eine Anleinpflicht besteht? Macht sie sich keine Gedanken um den Hasen, der vielleicht gerade Junge aufzieht? Was wäre passiert, wenn wir einen sozial unverträglichen Hund dabeigehabt hätten?

Meine persönliche Wahrnehmung ist, dass der Rückruf und auch andere Grundsignale bei vielen Mensch-Hund-Teams nicht sehr gut funktionieren. Sicherlich gibt es Hundebesitzer, die

ihren Hund nicht zu sich rufen, da er sowieso nicht hört. Möglicherweise zieht ein solcher Hund unermüdlich an der Leine, wenn er an dieser geführt wird, und die Menschen sind es einfach leid, sich hinterher ziehen zu lassen.

Als Hundetrainerin bin ich häufiger mal mit Hunden unterwegs, die aufgrund ihrer Vergangenheit und Erlebnisse nicht sozialverträglich oder ängstlich sind. Für Hunde, die noch nicht so lange mit ihren Besitzern zusammenleben, empfiehlt es sich, diese in den ersten Wochen an der Leine zu führen, damit sie nicht weglaufen, wenn sie sich erschrecken und oder in Panik geraten.

Des Öfteren begegnen uns dann Menschen, die mit ihrem Hund frei ohne Leine unterwegs ist. „Der ist lieb", rufen sie dann häufig aus der Ferne, wenn man zögerlich stehen bleibt. Besteht man trotzdem auf das Anleinen, verdrehen manche Menschen die Augen oder es kommt zu verbalen Auseinandersetzungen. Oft beobachte ich, dass der nun angeleinte Hund stark an der Leine zieht und der Abstand zwischen den Hunden trotzdem immer kleiner wird.

Mit großer Mühe schafft es der Mensch dann häufig doch, an uns vorbeizugehen. Dass dieser Hund dann zu bellen beginnt, ist nicht selten. „Im Freilauf ist der ganz nett, der mag nur nicht an der Leine vorbeilaufen", berichten die Menschen dann oft. Da kann ich verstehen, dass man den Hund dann lieber freilaufen lässt und nicht die Kraft aufbringt, auch diesem Hund das Laufen an lockerer Leine beizubringen.

Das Zusammenleben mit einem Hund, der die Grundsignale beherrscht und zurückkommt, wenn man ihn ruft, ist aber doch so viel schöner und kostet letztendlich viel weniger Kraft.

Hierzu kam mir der Gedanke einer Fernbedienung. Stell dir mal vor, ein Großteil aller Hundemenschen wäre in der Lage, ihrem Hund die wichtigsten Grundsignale beizubringen und diese dann auf dem Spaziergang entspannt abzufragen. Es wäre ein leichtes, sich abzusprechen und dafür zu sorgen, dass Kinder, ältere Menschen, Jogger, Radfahrer und andere Menschen nicht gefährdet oder belästigt werden. Hunde sind aber nun einmal keine Roboter, zum Glück.

Doch was wäre als Training nötig, damit der Hund gut auf seinen Menschen achtet und somit auch auf dem Spaziergang ein respektvolles und entspanntes Miteinander möglich wird?

Damit die Grundsignale jedoch sitzen und auch in ablenkungsreicher Umgebung funktionieren, müssen sie erst einmal in ablenkungsarmer Umgebung funktionieren.

Es bedarf viel Training und Wiederholung. Im nächsten Schritt müssen die bereits gelernten Signale in ablenkungsreicherer Umgebung trainiert werden. Das heißt, die Leinenführigkeit wird am besten noch nicht am Wochenende im nächstgelegenen Hundepark trainiert, sondern beispielsweise auf einem Parkplatz, mit mittlerer Ablenkung. Sehr hilfreich können andere Mensch-Hund-Teams sein, die als Trainingspartner helfen und die Ablenkung erhöhen. Eine Wiederholung der jeweiligen Übung wird mithilfe des anderen Teams viel besser möglich, als wenn man am Wegesrand auf den nächsten Jogger wartet.

Je besser ein Hund die Grundsignale beherrscht, desto mehr Freiheiten kann man ihm bieten.

Der für mich aber entscheidendste Tipp ist, dass wir unseren Hunden beibringen, dass nicht jeder Hund, dem wir auf unserem Weg begegnen, ein Spielgefährte ist und ein Kontakt an der Leine ermöglicht wird. Wenn ein Hund lernt, dass er zu jedem Hund hindarf, werden Situationen sehr schwierig, in denen dies nicht möglich ist. Im Verhältnis sollte man also viel öfter mal an einem entgegenkommenden Hund vorbeigehen, ohne dass ein Kontakt an der Leine oder im Freilauf entsteht, als den Hund für das Ziehen an der Leine mit einem Spiel mit einem anderen Hund zu belohnen.

Training zahlt sich aus, denn wer bereits früh mit dem Aufbau der Grundsignale beginnt, die für den Alltag wichtig sind, kann den Spaziergang mit seinem Hund genießen und zu einem freundlichen Miteinander beitragen. Darauf hat aber offensichtlich nicht jeder Hundehalter Lust und es kann besonders in der Junghundezeit sehr frustrierend sein. Doch die Freiheit, ohne Leine im Wald und auf dem Spaziergang unterwegs zu sein, setzt einen wirklich guten Trainingsstand voraus.

Wie schaffe ich es, dass mein Hund draußen auf mich hört?

Es gibt so viele Meinungen darüber, wie ein perfektes Hundetraining aussehen soll. Während die einen Leckerchen im Training grundsätzlich ablehnen, weil der Hund nicht nur für Leckerchen folgen soll, sind nach wie vor leider auch aversive (Widerwillen hervorrufende) Trainingsmethoden im Einsatz.

Die größte Freude im Training empfinde ich, wenn man dem Hund und dem Menschen die Freude und Begeisterung ansehen kann. So habe ich einen Kunden mit einer Hündin aus dem Tierschutz im Training, die voller Begeisterung jede Hürde im Agility überspringt und ihrem Herrchen gefallen möchte. Hierbei geht es bei uns nicht unbedingt um Schnelligkeit, sondern darum, gemeinsam Ängste und Unsicherheiten zu überwinden.

Andere Kunden schicken mir begeistert Fotos aus dem Urlaub, weil sie und ihre Hunde sich im Kurs kennengelernt haben und nun sogar den Urlaub miteinander verbringen. Das sind wirklich schöne Momente, die ich sehr genieße. Doch es gibt auch Kunden, die sehr frustriert ins Training kommen.

Ich verstehe sehr gut, dass wir Menschen den Spaß am Alltag mit unserem Hund verlieren, wenn der Leidensdruck aufgrund des problematischen Verhaltens groß ist. Wir neigen dazu, es dem Hund persönlich zu nehmen, dass dieser vermeintlich frech ist und überhaupt nicht auf den Menschen achtet.

Manchmal ist es eine echte Herausforderung, die Menschen davon abzubringen, grob und wenig wertschätzend mit ihrem Vierbeiner umzugehen. Mit Geduld und etwas Zeit kriegen wir die Hunde immer auf unsere Seite, denn die meisten sind sehr gutmütig und es gibt wesentliche Gründe für ihr Verhalten.

Fakt ist: „Ohne Indianer gibt es keinen Häuptling". Oder anders ausgedrückt: Führung wird von unten stabilisiert. Damit ist gemeint, dass wir es uns verdienen müssen, dass sich unser Hund an uns orientiert, sich uns vertrauensvoll anschließt und Spaß im Alltag und im Training mit uns hat. Jemand, der ständig genervt reagiert, regelmäßig an die Decke geht, um sich beißt und schreit, oder aber körperlich maß-

Führung wird von unten stabilisiert.

regelt, ohne ersichtlichen Grund und absolut unangemessen, das ist jemand, den ich meide und mit dem ich möglichst wenig Zeit verbringen möchte. Also mache ich lieber mein eigenes Ding, versuche ihn bestmöglich zu ignorieren und ihm aus dem Weg zu gehen.

Sicherlich gibt es auch Charaktere, die dagegen ankämpfen und in die Konfrontation gehen. Auch diese Hunde sehe ich im Training und die Menschen sagen dann oft: „Ja, aber ich kann ihm ja nicht alles durchgehen lassen!". Das stimmt und es müssen klare Regeln und Konsequenzen her. Aber Vertrauen und ein Miteinander mit Spaß und Respekt auf beiden Seiten entsteht nicht durch Gewalt, Härte oder sich mal richtig durchzusetzen, sondern durch Selbstkontrolle, Strategien im Training und Frustrationstoleranz auf beiden Seiten. Gewalt fängt schon im Kleinen an, indem wir den Hund wegschubsen, aufstampfen, laut werden, am Halsband zerren oder ihm einen Klaps auf den Kopf geben.

Wie kann ich mir nun aber verdienen, dass sich mein Hund an mir orientiert? Hierzu solltest du dir die Frage stellen, was dein Hund davon hat, zu „gehorchen" beziehungsweise auf deinen Rückruf zu reagieren oder an lockerer Leine zu laufen. Häufig höre

Härte und Strenge führen nicht zu einem vertrauensvollen Verhältnis.

ich: „Ja, der soll das aber ja alles nicht nur für Leckerchen machen". Ok, dann ist aber dennoch die Frage: Wofür soll er es dann machen?

Grundsätzlich sind viele Dinge, die wir von unserem Hund verlangen, nicht gerade Tätigkeiten, die dem Hund Spaß bringen. Stattdessen sind wir häufig eher der Spielverderber, der den Hund zu sich ruft, wenn er gerade etwas Spannendes in der Nase hat oder ihn anleint und die Richtung vorgibt.

Doch was macht dir und deinem Hund so richtig Spaß, mal abgesehen vom Kuscheln auf dem Sofa? Das Spielzeug werfen, hetzen und zurückbringen? Futter verstecken und gemeinsam suchen? Eine Fährte legen? Denkaufgaben lösen? Dummytraining? Hundetricks?

Wenn die Frustration im Training oder im Alltag groß ist, ist oftmals der erste Trainingsschritt: Frust abbauen. Und zwar auf beiden Seiten. Wie sehen unsere Spaziergänge häufiger aus? Wir wollen den Kopf frei kriegen. Der Hund soll einfach mitlaufen. Stattdessen macht er Ärger oder sucht sich eben eine andere Beschäftigung. Damit sich dein Hund wieder an dir orientiert, ist der allererste Schritt, Gemeinsamkeiten zu finden, die euch begeistern und zu einem Team werden lassen.

Mal wieder Spaß zusammen haben ist wichtig. Anstatt die Runde zu laufen, die momentan eh nicht gut klappt, weil dein Hund die ganze Zeit an der Leine zieht, nutze die Zeit für eine spannende Beschäftigung. Darauf aufbauend kann dann entsprechend dem problematischen Verhalten ein spezielles Training stattfinden. Das eine oder andere Thema ist hiermit aber schon gelöst.

Warum hört mein Junghund plötzlich nicht mehr?

Aus den kleinen süßen Welpen, die im Vergleich zum Junghund relativ gut zu managen sind, werden im Nu jugendliche Raufbolde, die zum Teil schon ein ordentliches Gewicht auf die Waage bringen. Dadurch ist die Pubertät nicht nur für den Hund, sondern häufig auch für seinen zweibeinigen Begleiter eine schwierige Zeit. Bereits gelernte Signale scheinen plötzlich gelöscht zu sein, die Hunde machen sich durch Anspringen, lautes Bellen und Pöbeln an der Leine bemerkbar.

Zum Ende des Welpenkurses klappt eigentlich alles soweit gut. Die Grundsignale sitzen, der Welpe ist so gut wie stubenrein und die Leinenführigkeit macht gute Fortschritte. Wie geht es nun weiter? Sollte ich denn mit meinem pubertierenden Hund einen Junghundekurs besuchen oder führt das nicht eher dazu, dass er sich vor seinen Hundekumpels beweisen möchte und mich an der Nase herumführt?

Genauso wie sich Welpenkurse von Hundeschule zu Hundeschule unterscheiden, ist dies auch bei Junghundekursen der Fall. Gemeinsames Ziel sind die Festigung der Grundsignale und die Unterstützung bei Problemen im Alltag, die aufgrund der Sexualhormone und der damit verbundenen Umstrukturierung im Gehirn des Hundes entstehen.

Ähnlich wie bei einem Welpenfreilauf sollte auch die Freilaufsequenz im Junghundekurs unter Aufsicht und kontrollierten Bedingungen stattfinden. Im Junghundealter zeigt sich, dass die nun deutlich kräftigeren und körperlich größeren Junghunde viel dynamischer miteinander in Kontakt treten. Kräfte werden aneinander gemessen und für alle Beteiligten ist es eine größere Herausforderung, Konfliktsituationen aufzulösen und einzuschreiten, wenn es zu wild wird.

Sicherlich hängt das pubertäre Verhalten des Hundes immer auch von seinem Charakter ab. Dennoch ist es für einen Junghund sehr sinnvoll, sich auszuprobieren, Grenzen auszutesten und den eigenen sozialen Status zu behaupten. Das ist bei uns Menschen in der Pubertät ja nicht anders. Und das bringt den einen oder anderen Hundebesitzer schon mal an den Rand der Verzweiflung.

Die Erwartungshaltung, dass der Hund, sobald er einen anderen Hund sieht, gleich hindarf und den Kontakt mit diesem aufnehmen kann, entsteht sehr schnell, insbesondere wenn wir großen Wert darauf legen, dass der eigene Hund genügend Sozialkontakte zu anderen Vierbeinern erhält. Ein kurzes „Hallo" sagen an der Leine ist besonders förderlich und hat häufig zum Ergebnis, dass so manch ein Hund geradezu frustriert in die Leine springt, wenn er nicht gleich zum Gegenüber darf. Damit ein solches Verhalten erst gar nicht entsteht, ist es unerlässlich, diese Begrüßungssituationen mit anderen Mensch-Hund-Teams, die den selben Anspruch und dasselbe Trainingsziel verfolgen, zu üben und auf das kurze „Hallo sagen" an der Leine schlichtweg zu verzichten.

Der Vorteil einer Junghundegruppe mit denselben Erziehungsvorstellungen ist: Der Hund lernt, dass nicht jeder andere Hund dazu da ist, gleich hinzuziehen und nicht jedes Treffen bedeutet, dass jetzt gespielt wird. Häufig ist der Abstand zu den Artgenossen sehr entscheidend dafür, ob ein gemeinsames Training möglich ist oder nicht. Je näher, desto schwieriger.

Im Alltag ist so ein Training häufig gar nicht möglich, denn viele Hundebesitzer sind noch der Meinung: Die regeln das unter sich. Leint man seinen Hund nicht ab, führt das häufig zu Unverständnis. Innerhalb der Junghundegruppe trifft man auf Gleichgesinnte, auf Menschen mit ähnlichen Herausforderungen.

Dadurch, dass man sich austauscht und gegenseitig Mut macht, kommt man leichter durch die schwierige Zeit der Pubertät.

Für die Phase der Pubertät beim Hund gilt: Die Nerven zu behalten, sich nicht provozieren zu lassen und sich auf die guten Dinge zu konzentrieren. Denn es gibt gute Nachrichten: Irgendwann ist die Pubertät vorbei! Also durchhalten!

Die Junghundephase geht vorbei, bis dahin braucht es vor allem Geduld.

Wie gewöhne ich meinem Hund das Anspringen ab?

Besonders, wenn man aus den Hundeklamotten in schicke Kleidung geschlüpft ist und unter Zeitdruck steht, ist es oft sehr ärgerlich, wenn der Hund an einem hochspringt und seine Pfotenabdrücke auf der Kleidung hinterlässt. Auch auf dem Spaziergang kann es zu der einen oder anderen peinlichen Situation kommen, wenn der eigene Hund losstürmt und Passanten aufdringlich in Beschlag nimmt.

Wie schafft man es, das Anspringen abzugewöhnen?

Bereits im Welpenalter stellt sich diese Frage häufiger. Unerwünschtes Verhalten wie das Anspringen tritt allerdings nicht plötzlich über Nacht auf. Bevor man sich fragt, wie man dem Hund das Anspringen abgewöhnt, sollten wir zunächst einmal schauen, wie das Verhalten überhaupt entsteht und warum der Hund es so häufig zeigt, es aber andersherum auch Hunde gibt, die nicht anspringen.

Unerwünschtes Verhalten nicht unbewusst verstärken: Das ist eine ganz entscheidende Regel für das Zusammenleben mit Hunden. Sie bedeutet einfach, dass man Verhalten, das der Hund nicht zeigen soll, nicht unabsichtlich belohnt, etwa durch Aufmerksamkeit.

Achtung: Auch „negative" Aufmerksamkeit, wie Schimpfen, ist Aufmerksamkeit und kann für den Hund verstärkend wirken, nach dem Motto: Besser negative Aufmerksamkeit als gar keine! Wenn ein Hund ein unerwünschtes Verhalten zeigt, sollte man sich also als erstes fragen, wo darin der Verstärker für den Hund liegen könnte. Denn würde das Verhalten nicht ständig verstärkt, würde es der Hund nicht so ausgeprägt zeigen. Im Fall des Anspringens ist das meistens die Aufmerksamkeit.

Der nächste entscheidende Punkt ist: Wenn Regeln mal gelten und mal nicht, wirkt das auch sehr verstärkend für den Hund. Denn für ihn ist es ein bisschen so, wie bei einem Gewinnspiel: Man weiß nie, ob es beim nächsten Mal vielleicht klappt, und gerade das macht die Sache so spannend! Regeln sollten also so einfach wie möglich und immer gleich sein. Ein Hund kann nicht unterscheiden, dass ein Verhalten in der einen Situation super ist und in der anderen Situation absolut unerwünscht. Schauen wir einmal genau in unseren Alltag.

Frage dich also, ob es Situationen gibt, in denen du deinen Hund belohnst, während er dich anspringt oder an dir hochklettert. Wie sehen zum Beispiel eure Begrüßungssituationen aus, wenn du vom Einkaufen nach Hause kommst oder der Besuch die Tür betritt? Gibt es Bekannte, die euch besuchen kommen und sich freuen, wenn dein Hund aufgeregt zur Türe läuft? Wenn du oder Besucher deinen Hund freudig begrüßen und ihn streicheln, während er an ihnen hochklettert, haben wir hier die erste Ursache und den ersten Schritt des Trainings: Das Hochklettern nicht mehr mit Aufmerksamkeit belohnen.

Als nächstes analysierst du die Körpersprache: Ist dein Hund wirklich freundlich und aufgeregt, wenn er Menschen anspringt, oder ist er überfordert oder sogar respektlos? Um welche Form der Begrüßung es sich handelt, lässt sich anhand der Körpersprache unterscheiden. Zeigt dein Hund eine unsichere Körperhaltung, einen Rundrücken, weit nach hinten gezogene

Das Anspringen sollte nicht belohnt werden.

Maulwinkel, macht er sich klein und der ganze Körper scheint zu wackeln? Dann passt dieses Verhalten eher zu einer beschwichtigenden und freundlichen Geste.

Zeigt dein Hund eine sichere oder imponierende Körperhaltung, mit durchgestreckten Beinen, einer weit über die Rückenlinie aufgerichteten Rute und einer geraden Rückenlinie, deutet diese Körperhaltung eher auf eine distanzlose oder respektlose Begrüßung hin.

Warum bin ich hierbei so vorsichtig in der Formulierung? Weil man bei der Interpretation der Körpersprache des Hundes möglichst viele Merkmale berücksichtigen muss, um sicherzugehen, dass man mit seiner Analyse richtig liegt. Von der Rutenbewegung oder der Ohrstellung allein sollte nicht auf das Gesamtbild geschlossen werden.

Der nächste Schritt besteht darin, Alternativen zu trainieren: Bei unerwünschtem Verhalten stelle ich häufig fest, dass der Hund eigentlich mit der Situation überfordert ist. Möglicherweise, weil ihn die Situation frustriert oder ihm die Aufmerksamkeit fehlt. Leider fehlen ihm Strategien, die Situation anders zu bewältigen. Daher ist ein wichtiger Schritt im Training, dem Hund alternative Verhaltensweisen anzubieten.

Bei Begrüßungssituationen kann zum Beispiel ein ruhiges Signal wie „Sitz" helfen, das Anspringen zu vermeiden. Man kann auch einen festen Liegeplatz trainieren, damit der Hund auf der Decke bleibt, wenn es klingelt. Auf dem Spaziergang kann zunächst einmal die Schleppleine verhindern helfen, dass der Hund fremde Menschen anspringt. Ein gut trainierter Rückruf kann das Tragen einer Schleppleine ersetzen. Grundsätzlich gilt: Eine Verbesserung des Verhaltens lässt sich nur erzielen, wenn man diese Situationen häufig üben und trainieren kann. Es müssen also konkret Situationen mit fremden Menschen trainiert werden, und zwar so, dass der Schwierigkeitsgrad nach und nach zunimmt.

Im Alltag wird man leider auch mit aversiven Reizen oder Methoden konfrontiert, die beim Hund Widerwillen hervorrufen. Hierzu gehört beispielsweise, dass man den Hund wegschubst oder das Knie zur Abwehr nutzt. Leider führen solche Methoden häufig nicht zum erwünschten Erfolg, denn die Ursache des Verhaltens wird nicht gelöst, beziehungsweise auch das Wegschubsen kann sogar verstärkend für den Hund sein, wenn man Pech hat. Endergebnis ist dann, dass man den Hund ständig maßregelt, er aber immer wieder versucht, an Menschen hochzuspringen.

Daher ist es sehr wichtig, erst herauszufinden, um welche Form es sich beim Anspringen überhaupt handelt, wie die Beziehung zwischen Mensch und Hund grundsätzlich aussieht und was das Verhalten aus Sicht des Hundes verstärkt. Überprüfe dich einmal selbst, ob du oder Besucher im Alltag unerwünschtes Verhalten deines Hundes nicht versehentlich belohnen.

Wie bringe ich meinem Hund bei, draußen nicht alles ins Maul zu nehmen?

Ein neun Wochen alter Welpe bleibt draußen meistens noch von sich aus immer nah beim Menschen – sein angeborener Folgetrieb sorgt dafür. Je älter er wird, desto mehr lässt dieser nach, desto selbständiger wird er und beginnt, seine Umwelt zu erkunden. Da Hunde keine Hände haben, wird alles mit dem Maul aufgenommen und unter Umständen auch abgeschluckt. Besonders gefährlich ist es, wenn Plastik oder andere feste Gegenstände gefressen werden oder Giftstoffe hierüber aufgenommen werden. Pilze, Giftpflanzen, Muscheln am Strand, Müll, Eicheln und andere Gegenstände können schnell lebensbedrohlich werden.

Ich bin zu einem Kaffee eingeladen und sitze im Garten am Tisch. Bei meiner Freundin Klara ist ein Labradorwelpe eingezogen. Er heißt Jasper und ist jetzt 14 Wochen alt. Während wir uns unterhalten, stöbert Jasper im eingezäunten Garten umher. Die Blumenbeete sind bereits mit einem Kaninchenzaun abgetrennt, damit er keine Tulpenzwiebeln aus dem Boden gräbt.

Nach kurzer Zeit sind Kaugeräusche zu hören, Jasper hat offensichtlich einen großen Stein gefunden. Klara hat Sorge, dass er sich die Zähne verletzt und durch das Kauen auf einem harten Gegenstand sogar zum Bruch eines Backenzahns kommt. Ihre Sorge ist berechtigt, Zahnfrakturen kommen beim Hund öfter vor, als wir Menschen darauf aufmerksam werden.

Was ist nun also zu tun? Eine Möglichkeit ist, zu Jasper zu gehen und den Stein aus dem Maul zu nehmen. Wie reagiert Jasper? Er hat sogleich einen anderen Stein gefunden. Klara möchte diesen wieder entfernen, nur ist Jasper jetzt darauf vorbereitet. Bevor sie sich ihn

schnappen kann, startet er ein wildes Jagdspiel im Garten. Was hat er nun gelernt? Um Aufmerksamkeit zu bekommen, suche ich mir am besten einen Stein. Wenn Frauchen zu mir kommt, will sie mir den Stein wegnehmen. Besser ist es, ich laufe vor ihr weg, das macht Spaß.

Okay, dumm gelaufen, aber was ist die Alternative? Klara hat eine kleine Dose mit Futterstückchen auf dem Tisch stehen. Sobald sie bemerkt, dass Jasper einen Stein gefunden hat, spricht sie ihn freundlich an und zeigt ihm, was sie Leckeres in der Hand hält. Jasper lässt den Stein kurzzeitig aus den Augen. Währenddessen entfernt Klara den Stein. Sobald Jasper seine Belohnung heruntergeschluckt hat, macht er sich auf die Suche nach dem nächsten Stein. Was hat Jasper jetzt gelernt? Wenn dir langweilig ist und du Futter haben möchtest, suche dir einen Stein.

Weder die eine noch die andere Strategie ist grundsätzlich falsch und Hunde reagieren unterschiedlich auf dieselben Erziehungsmaßnahmen. Dennoch ist eine Sache entscheidend: Was ist die eigentliche Ursache, dass Jasper nach Steinen sucht? Klar, er untersucht seine Umgebung. Letztendlich ist ihm aber schlichtweg langweilig. Wir sind also wieder beim Thema: Wie bringe ich meinem Hund bei, Langeweile auszuhalten, ohne Quatsch zu machen?

Ob es beim Spaziergang ebenfalls um Aufmerksamkeit geht, wenn der Welpe alles Mögliche ins Maul nimmt, merkst du daran, dass er dann auf dem Spaziergang keine Gegenstände aufnimmt, wenn du ihn anderweitig beschäftigst. Erst, wenn er keine Aufmerksamkeit bekommt, werden Blätter, Gras und andere Gegenstände interessant. Hier kann es helfen, den Welpen auf dem Spaziergang immer wieder zu beschäftigen. Er soll lernen: Mein Mensch findet viel spannendere Dinge als die Dinge, die herumliegen. Hierzu kann man Futterstücke verstecken während der Welpe gerade abgelenkt ist und ihm dann helfen, diese zu finden oder ihn einen Gegenstand apportieren lässt, wenn er das schon kann. Dabei lernt er zugleich, sich am Menschen zu orientieren und nicht sein eigenes Ding zu machen.

Eine andere Ursache könnte sein, dass dein Welpe einfach hungrig ist. Auch bei erwachsenen Hunden kann das ein Grund für zum Beispiel Kotfressen sein. Hier könntest du ausprobieren, ob es einen Unterschied macht, wenn du vor der Mahlzeit oder nach der Mahl-

zeit spazieren gehst. Zudem können Schmerzen im Oberbauch des Hundes dazu führen, dass der Hund sogar Socken und andere Materialien frisst.

Daher ist eine medizinische Abklärung sinnvoll, damit Erkrankungen des Magen-Darm-Trakts, ein grundsätzlicher Mangel an bestimmten Nährstoffen oder eine Störung der Darmflora ausgeschlossen werden können.

Für das Training insgesamt ist es wichtig, dass der Welpe sich nicht ständig im unerwünschten Verhalten fördert und selbst belohnt. Hier kann eine Schleppleine helfen, um das Fressen von Gegenständen zu verhindern. Dies sollte aber immer mit einer Beschäftigung und speziellem Training einhergehen.

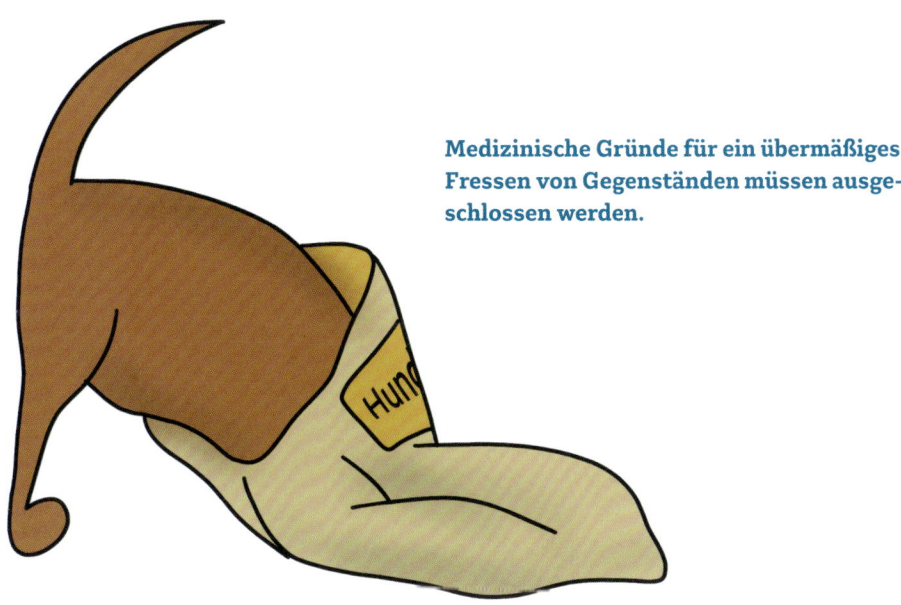

Medizinische Gründe für ein übermäßiges Fressen von Gegenständen müssen ausgeschlossen werden.

DAS KLEINE EINMALEINS DER KÖRPERSPRACHE

Woran erkennt man,
wie ein Hund sich fühlt?

Haben Hunde überhaupt Gefühle? Früher ist man davon ausgegangen, dass Tiere keinerlei Gefühle haben, da sie nicht intelligent genug seien. Dass auch Tiere Gefühle haben, bestreitet heute im Gegensatz zu früher niemand mehr, auch wenn in dieser Hinsicht leider eine gewisse Doppelmoral zwischen Haus- und Nutztieren zu beobachten ist. Was das Mastschwein fühlt, interessiert viele leider weniger – was uns aber nicht davon abhalten sollte, uns mit den Emotionen unserer Hunde eingehender zu befassen.

Manchmal ist es schon erschreckend, wie wenig Verständnis für das Verhalten von Tieren bei vielen Menschen vorhanden ist, die ich außerhalb meiner beruflichen Tätigkeit treffe.

Aber auch die Einstellung zu unseren Hunden ist sehr unterschiedlich. Manche meinen „Der Hund muss funktionieren!", andere „Setz dich mal durch!". Andererseits sehe ich, dass eine Vielzahl von Missverständnissen zwischen Menschen und Hunden durch das Thema „Vermenschlichung" verursacht werden.

Wie findet man das richtige Maß, ohne in das eine oder das andere Extrem zu fallen? Der Schlüssel für mich ist die Körpersprache unserer Vierbeiner. Vermuten lässt sich viel und die Interpretation zweier Experten kann unterschiedlich sein. In den vergangenen Jahren habe ich gelernt, Verhalten zunächst zu beschreiben und nicht gleich zu interpretieren. Als Tierärztin ist es mir in Fleisch und Blut

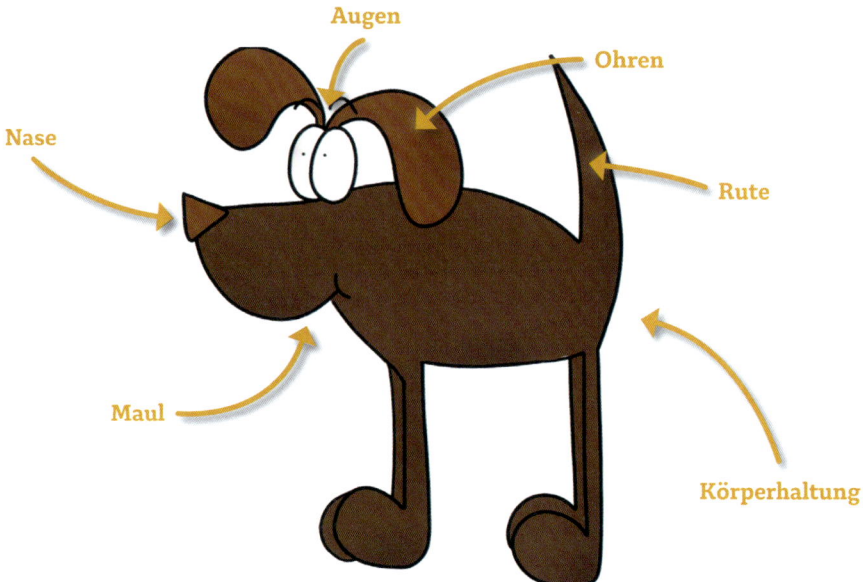

Augen

Ohren

Nase

Rute

Maul

Körperhaltung

Die Körpersprache des Hundes lässt sich anhand verschiedener Merkmale beschreiben.

übergegangen, dass man einen Hund zunächst untersuchen und Befunde erheben muss, bevor man eine Diagnose stellt. Hört man zu sehr auf die Vermutung der anderen, lässt man sich schnell auf die falsche Fährte bringen und übersieht wichtige Details.

Das wohl größte Missverständnis in meiner täglichen Arbeit als Trainerin ist folgender Satz: „Oh ich glaube, die beiden wollen miteinander spielen!". Sieht man näher hin, beschreibt die Körpersprache und differenziert zwischen den verschiedenen Möglichkeiten, warum ein Hund dieses oder jenes tut, entdeckt man plötzlich ganz neue Gründe für ein bestimmtes Verhalten.

Nehmen wir ein einfaches Beispiel: Ein Hund kommt mit seinem Frauchen auf das Trainingsgelände. Nachdem das Tor zu ist, darf er abgeleint werden und sich frei bewegen. Das Erste, was er im Sinn hat, ist Urin abzusetzen. Warum macht er das? Gründe dafür könnten sein:

a) Der Hund musste ganz dringend und konnte nicht mehr anhalten.

b) Der Hund ist so aufgeregt, während er auf fremde Menschen trifft, dass er aus völliger Überforderung Urin absetzt.

c) Der Hund hat eine Stelle aufgesucht, wo ein anderer Hund Urin abgesetzt hat und zeigt hiermit seine Zugehörigkeit.

d) Der Hund markiert, hinterlässt seine Personalien und möchte der Konkurrenz mitteilen, dass er das Gelände für sich in Anspruch nimmt.

e) Der Hund hat Angst, da sich ein Mensch über ihn drüberbeugt und setzt deshalb Urin ab.

f) Es handelt sich um einen Rüden, der eine Urinstelle einer Hündin gefunden hat und

möglichen Konkurrenten mitteilen möchte, dass er Interesse an dieser Hündin hat.

Welche Antwort ist richtig? Im Prinzip könnten es alle sein. Zur Beantwortung brauchen wir mehr Informationen, wie zum Beispiel:

Sind noch weitere Hunde auf dem Trainingsgelände? Handelt es sich um eine Hündin oder einen Rüden? Wie alt ist der Hund? Was zeigt uns seine Körpersprache? Wie werden Ohren, Rute und Kopf gehalten, sind die Gliedmaßen durchgestreckt? Zeigt er einen runden Rücken oder ist der Rücken gerade? Stellt der Hund das Fell auf? Zeigt er seine Zähne oder sind die Mundwinkel nach hinten gezogen? Wedelt er mit der Rute, wenn ja in eine bestimmte Richtung? An welcher Stelle wird Urin abgesetzt? Wer war zuvor schonmal auf der Wiese?

Diese und viele weitere Fragen sind entscheidend für die Antwort. Insbesondere für das Training mit Hunden können diese Informationen einen entscheidenden Unterschied ausmachen. Kommen zwei verschiedene Hunde mit ihren Menschen ins Training, um beispielsweise das Laufen an lockerer Leine zu trainieren, kann das Absetzen von Urin erste Hinweise auf die unterschiedlichen Trainingswege liefern. Ein Hund, der Urin absetzt, um sein Revier und seinen Lebensraum abzugrenzen, mit der Bereitschaft dieses zu verteidigen, zeigt sein Verhalten aufgrund einer völlig anderen Ursache als ein Hund, der Urin absetzt, um eine beispielsweise eine Hundedame zu beeindrucken.

Möchte man einschätzen, ob es beim Freilauf gerade um eine Spielsequenz handelt oder die beteiligten Hunde einen Konflikt austragen, ist es von entscheidender Bedeutung, die einzelnen körpersprachlichen Signale erkennen zu können.

Wie kann ich eine sichere von einer unsicheren Körperhaltung unterscheiden?

Wir Menschen haben die Sprache entwickelt, die dazu geführt hat, dass unsere Sinne im Hinblick auf die bewusste Wahrnehmung kleinster körpersprachlicher Signale nicht mehr so stark ausgeprägt sind.

Um die Stimmung eines Hundes erkennen und im besten Fall das Verhalten vorhersagen zu können, müssen wir wieder lernen, diese Merkmale bewusst wahrzunehmen und einzuordnen. Hunde sind sehr gut darin, durch Beobachtung der Körpersprache Menschen und andere Hunde einzuschätzen.

Die gemeinsame Wirkung von Knochen, Muskeln und Bändern des Körpers des Hundes bewirkt die Körperhaltung. Diese gehört zu der visuellen, also mit den Augen sichtbaren Kommunikation. Es gibt verschiedene Merkmale, welche die Unterschiede in der Körperhaltung beschreiben können: die Kopfhaltung, der Rücken, die Gliedmaßen, die Rute sowie die Gewichtsverlagerung.

Weiterhin liefert uns die Mimik, also der Gesichtsausdruck des Hundes, sehr viele Informationen über seine Emotionen. Zur Mimik gehören beispielsweise die Augen, das Maul, die Nase und die Ohren.

Schauen wir uns drei grundlegende Körperhaltungen an:

Carlo ist ein souveräner Hund, an neuen Reizen ist er interessiert und geht selbstsicher auf andere Menschen und Hunde zu. Aufmerksam schaut er sich um: Alle Gliedmaßen werden gleichmäßig belastet, Kopf und Hals werden im Gleichgewicht getragen, der Rücken ist gerade und die Rute wird in Verlängerung der Rückenlinie getragen oder hängt locker herab. Der Hund schaut interessiert, der Blick ist auf ein bestimmtes Objekt gerichtet.

Luis ist grundsätzlich eher ein vorsichtiger Hund, er zeigt sich häufig ängstlich oder unsicher. Insbesondere laute Geräusche und rennende Kinder machen ihm Angst: Das Gewicht ist auf die hinteren Gliedmaßen verlagert, der Kopf wird geduckt gehalten, die Rückenlinie ist rund, der Rutenansatz eingeklemmt und die Rutenspitze zeigt im Extremfall in Richtung des Kopfes. Der Hund schaut weg, der Blick wird abgewendet. Häufig sind die Augen weit aufgerissen, wer flüchtet, muss gut sehen können. Die Ohren sind nach hinten gerichtet, dadurch ist die Stirn glatt nach hinten gezogen.

Herr Meier ist ein kleiner Macho, mit seinen achtzehn Kilogramm lässt er oft den Boss raushängen. Dabei macht er sich größer, als er ist und demonstriert Sicherheit. Wenn er aber auf neue Untergründe trifft und er über ein Gitter laufen soll, zeigt er sich von seiner unsicheren Seite. Bei der imponierenden Körperhaltung werden alle Gliedmaßen gleichmäßig belastet, die Gelenke werden dabei durchgestreckt, der Kopf ist angehoben, der Rücken ist gerade und die Rute wird oberhalb der Rückenlinie getragen.

Im Alltag zeigen Hunde diese Körperhaltungen abhängig von der jeweiligen Situation. Auch unsichere Hunde können eine imponierende Körperhaltung einnehmen und auch Hunde, die im Alltag oftmals sicher und selbstbewusst wirken, sind in anderen Situationen durchaus unsicher. Insbesondere im Kontakt mit anderen Hunden sollten wir diese Körperhaltungen unterscheiden können, um zu erkennen, wie es dem eigenen Hund gerade geht.

> **Tipp:**
>
> Es kann sehr hilfreich sein, das Verhalten des eigenen Hundes in den verschiedensten Situationen zu filmen. In Echtzeit ist es häufig schwierig, alle möglichen körpersprachlichen Signale gleichzeitig wahrzunehmen. Filmaufnahmen kann man sich wiederholt und in Ruhe anschauen und die Hilfe einer Zeitlupenfunktion nutzen, um das Lesen der Körpersprache zu üben.

Jeder Hund kann eine unsichere Körperhaltung einnehmen.

Der aufmerksame Hund verteilt das Körpergewicht auf alle vier Gliedmaßen.

Imponierverhalten erkennt man oft schon aus der Entfernung anhand der Rutenhaltung.

Warum wirkt das Anstarren auf Hunde bedrohlich?

Tom läuft mit seiner Rottweiler Hündin Ursel den Bürgersteig entlang. Auf dem Weg bis zum Bäcker begegnen ihnen mehrere Mensch-Hund-Teams. Je nachdem, welcher Hund ihnen entgegenkommt, regiert Ursel anders. Manchmal schnüffelt sie am Boden, bleibt stehen und möchte nicht weiter, beginnt zu traben, sobald der andere Hund vorbei ist oder wirkt sehr angespannt. Doch woran kann das liegen?

Beobachtet Tom die anderen Hunde, fällt ihm auf, dass diese sich ebenfalls unterschiedlich verhalten. Manche scheinen desinteressiert und wenden den Blick ab, schnüffeln ebenfalls am Boden oder haben ihren Blick auf ihren Menschen gerichtet. Es gibt jedoch auch Hunde, die den Blick direkt auf Ursel richten, den Kopf dabei absenken und sich schleichend fortbewegen. Sie scheinen kaum zu blinzeln und oftmals kann Tom erkennen, dass ihr Fell aufgestellt ist.

Stehen sich zwei Hunde gegenüber oder laufen frontal aufeinander zu und starren sich dabei in die Augen, handelt es sich um eine Form des Drohverhaltens. Drohverhalten bedeutet zunächst mal: „Hey, halt Abstand, komm mir und meinem Menschen nicht näher!" Nun ist es für einen angeleinten Hund im Alltag nicht üblich, dass er entscheiden kann, die Drohung ernst zu nehmen und die Richtung zu wechseln beziehungsweise den Abstand zu dem drohenden

Starren sich zwei Hunde in die Augen, nennt man das Fixieren.

Hund zu vergrößern. Stattdessen gehen wir Menschen einfach aneinander vorbei und den Hunden bleibt erst einmal gar nichts anderes übrig als mitzugehen.

Ein starr gehaltener Körper, aufgestelltes Fell im Nacken und Rückenbereich und der direkte durchdringende Blick des Gegenübers geben klare Hinweise darauf, einen solchen Hundekontakt besser zu vermeiden. Die Kommunikation der Hunde ist sehr fein und selbst ein Blinzeln, ein kurzes Wegschauen oder ein blitzschnelles Lecken über die Nase kann manchmal eine Reaktion beim Gegenüber auslösen oder verhindern.

Dieses Verhalten zeigen Hunde auch gegenüber dem Menschen, doch wir bemerken es oft nicht. Zeigt ein Hund dem Menschen gegenüber ein solches Verhalten, sollte man auf keinen Fall auf diesen Hund zugehen.

Andersherum ist vielen Menschen nicht bewusst, dass das In-die-Augen-Starren des Menschen zum Hund dieselbe Wirkung auf den Hund haben kann und als Drohgeste wahrgenommen werden kann. Evolutionsbedingt ist es aus menschlicher Sicht wenig sinnvoll, das potenziell gefährliche Raubtier aus den Augen zu lassen. Daher neigen wir, insbesondere wenn wir Angst vor einem Hund haben, dazu, ihm in die Augen zu schauen. Deshalb ist es schon für Kinder so wichtig, dass sie die Körpersprache von Hunden lesen können und lernen, wie und in welchen Situationen man sich einem Hund annähern kann. Dabei ist nicht jeder Blick, den ein Hund uns zuwirft, gleichzeitig eine bedrohliche Geste. Hunde können unseren Blick ebenso halten, wenn sie beispielsweise unsere Aufmerksamkeit haben möchten. Daher ist es wichtig, das eine vom anderen unterscheiden zu können.

Das Fixieren spielt auch zwischen Hund und Mensch eine entscheidende Rolle.

Warum wirken manche Menschen auf Hunde bedrohlicher als andere?

Daria ist eine dreijährige Hündin und kommt aus dem Auslandstierschutz. Da sie in ihren ersten Lebenswochen wenige Erfahrungen mit Menschen, insbesondere mit Männern und Kindern gesammelt hat, ist sie in der Begegnung mit fremden Menschen sehr vorsichtig und zurückhaltend. Da sie aber sehr niedlich aussieht und trotz ihres Alters auf viele wie ein Welpe wirkt, sind viele Spaziergänger begeistert und möchten sie streicheln. Daria findet das sehr bedrohlich, sie leckt sich dann oft über die Nase und versucht zu flüchten.

Wenn sie keinen anderen Ausweg sieht, schnappt sie in Richtung der ausgestreckten Hände. Ihre Menschen sind verunsichert, denn sie möchten den Spaziergängern nicht vor den Kopf stoßen. Andererseits wollen sie aber auch nicht, dass Daria sich unwohl fühlt oder sich das Verhalten weiter festigt und sie Angst haben müssen, dass sie Menschen beißt.

Die Spaziergänger meinen die Begrüßung aber doch freundlich, warum reagiert Daria mit Unsicherheit und Schnappen darauf? Wenn wir Hunde begrüßen wollen, beugen wir uns meistens nach vorne, schauen ihnen direkt in die Augen und sprechen sie freundlich an. Wir haben im vorigen Kapitel schon gesehen, dass das direkte Anschauen von Hunden als Drohgeste verstanden werden kann. Neben dem Fixieren mit den Augen gibt es aber noch weitere Gesten, die bedrohlich auf den Hund wirken können und die man häufig beobachten kann. Hierzu gehört beispielsweise das Vornüberbeugen.

Beugt sich ein Hund über einen anderen Hund, kann das aus der Sicht eines Hundes eine bewegungseinschränkende Geste darstellen, die durchaus zu einem ernsten Konflikt führen kann und eben keine freundliche Begrüßung. Auch Beutegreifer, die für kleinere Hunderassen durchaus gefährlich werden können, greifen den Hund von oben aus der Luft.

Um es dem Hund leichter zu machen und weniger bedrohlich zu wirken, kann es helfen, in die Hocke zu gehen und ihm damit die Möglichkeit zu geben, selbst auf den Menschen zuzugehen. Zusätzlich sollte man ihm nicht direkt in die Augen starren, sondern den Blick auf etwas anderes richten.

Für Darias Menschen ist es wichtig, den Mut zu haben, andere Menschen darauf aufmerksam zu machen und Daria in diesen Situationen zu schützen. Sie muss sich nicht von jedem Menschen anfassen lassen.

Im Alltag kann man bei einigen Hunden Unwohlsein beobachten, sobald das Geschirr angezogen wird oder die Leine befestigt wird. Überprüfe dich selbst, ob du dich in diesen Situationen über deinen Hund beugst und wie es ihm damit geht. Zeigt er Unwohlsein?

Wird der Hund versehentlich in eine Enge gedrängt, kann es für viele und ebenfalls eine bedrohliche Situation sein. Manchmal begeben sich Hunde selbst in eine solche Situation, zum Beispiel, wenn sie sich unter den Tisch legen, wenn Besuch mit am Tisch sitzt. Dies kann unter Umständen zu einer brenzligen Situation werden.

Im Training möchten wir unsere Begeisterung für einen Trainingserfolg oft durch das Streicheln des Hundes zum Ausdruck bringen. Während Hunde in einer entspannten Umgebung, beispielsweise beim Kuscheln gerne gestreichelt werden, stellt es im Training oft keine Belohnung dar und wird dann von Hunden als unangenehm empfunden. Hunde werden prinzipiell weniger gern auf dem Kopf gestreichelt. Besonders unangenehm ist das Tätscheln auf den Kopf, das sollte man wirklich lassen. Das Streicheln mögen sie lieber im Bereich des seitlichen Brustkorbs oder dort, wo das Geschirr sitzt.

Sich über einen Hund zu beugen, kann auf diesen sehr bedrohlich wirken.

Wie kann ich Hundebegegnungen richtig einschätzen?

Eins der schwierigsten Themen in der Hundeerziehung sind aus meiner Sicht Begegnungen mit anderen Hunden und anderen Hundehaltern. Schaut man in Foren und den sozialen Netzwerken, ist es ein oft genanntes und sehr emotionales Thema. Hundehalter berichten über Begegnungen mit Hundemenschen, die in Beleidigungen und Aggressionsverhalten enden. Dabei spielt das Verhalten der Hunde eine große Rolle, aber eine noch viel größere das Verhalten der Menschen untereinander. Ich wünsche mir mehr Verständnis und Respekt füreinander. Mal abgesehen von Hundemenschen, die sich respektlos und unfreundlich anderen Menschen gegenüber verhalten, beobachte ich viel häufiger, dass die Menschen nicht erkennen, was zwischen den Hunden tatsächlich abläuft.

Auf der Zeichnung kannst du links einen Hund sehen, der neugierig herausfinden möchte, wer ihm gegenüber steht. Er trägt die Rute über der Rückenlinie, hat die Beine durchgestreckt und zeigt nach außen ein selbstsicheres Verhalten. Über das Schnüffeln im After- oder Genitalbereich können Hunde viele Informationen über den anderen Hund sammeln, wie beispielsweise das Alter, das Geschlecht, den Gesundheitszustand und den Individualgeruch. Dieses Verhalten ist erstmal nichts Schlimmes.

Dennoch kann man viele Hunde beobachten, die sich nicht beschnüffeln lassen möchten. Der Hund auf der rechten Seite zeigt einen Rundrücken, hat die Ohren angelegt und hält die Rute eingeklemmt. Er fühlt sich sichtlich unwohl.

Viele Hunde zeigen Unwohlsein, wenn ein anderer Hund am After schnüffeln möchte.

Was hier besonders entscheidend ist: Der Hund, der im Afterbereich schnüffeln möchte, ist kein Hund, der durch Aggressionsverhalten oder durch per se problematisches Verhalten auffällt. Dennoch führt seine Neugierde dazu, dass sich der andere Hund unwohl fühlt. Warum sich der unsichere Hund nicht beschnüffeln lassen möchte, kann viele Gründe haben. Hierzu können beispielsweise Mängel in der Sozialisierungsphase geführt haben, traumatische Erlebnisse oder es handelt sich um eine Hündin, die häufig von anderen Hunden belästigt wird, da sie sehr intensiv riecht oder die nächste Läufigkeit bevorsteht. Diese Konstellation sehe ich sehr häufig bei der Begegnung zweier Hunde an der Leine, aber auch im Freilauf. Ich halte es für sehr wichtig, dass wir Menschen ein solches Verhalten erkennen und deuten können. Die Gefahr ist groß, dass wir ein solches Verhalten laufen lassen, ohne einzuschreiten und dem unsicheren Hund Schutz zu bieten. Dies kann enorme Auswirkungen auf die Beziehung zwischen Mensch und Hund haben und im schlimmsten Fall Ursache für Aggressionsverhalten sein und einen sozialunverträglichen Hund zur Folge haben.

Eine freundliche Begrüßungssituation unter Hunden kann folgendermaßen aussehen: Zwei Mensch-Hund-Teams sind in entgegengesetzter Richtung auf einem Spazierweg unterwegs. Beide Hunde sind angeleint. Sobald die Menschen auf gleicher Höhe sind, sprechen sie miteinander, ohne dass sich die beiden Hunde an der Leine berühren. Gemeinsam entscheiden die Menschen, ob ein Freilauf möglich und gewünscht ist. Währenddessen lernen die beiden Hunde, abzuwarten. Soll ein Freilauf stattfinden, werden die beiden Hunde abgeleint. Dies bedeutet für die Hunde allerdings nicht, gleich loszustürmen, sie warten geduldig auf das Freigabesignal.

Beide Hunde dürfen sich nun ohne Leine bewegen. Je nach Konstellation reagieren sie unterschiedlich. Es kann ein gemeinsames Rennspiel folgen oder aber beide sind erst einmal damit beschäftigt, am Boden zu schnüffeln. Ein zögerlicher Kontakt an der Nase findet als Begrüßung statt oder beide Hunde versuchen, in der Afterregion des anderen zu schnüffeln.

Letztendlich möchte ich darauf hinaus, dass eine solche Begegnung möglichst von einer gewissen Gelassenheit und einer niedrigen Erregungslage begleitet werden sollte und dass eine Begrüßung unter Hunden nicht immer gleich abläuft. Sich in der After- oder Geschlechtsregion beschnüffeln zu lassen, setzt eine soziale Sicherheit voraus. Nicht jeder Hund ist sicher und souverän genug, um dies zuzulassen.

Sobald sich ein Hund unwohl fühlt und dies durch eine unsichere Körperhaltung oder sogar Abschnappen zeigt, sollten die Menschen einschreiten. Spielsequenzen sollten mit Pausen einhergehen und die Erregungslage und die Frustration darüber wieder gesenkt werden.

Wann entstehen Missverstände zwischen verschiedenen Hunderassen?

Insbesondere, wenn zwei Hunde aufeinanderzulaufen, sich gegenüber stehen oder wenn sie aneinandervorbei laufen , spielt neben der gesamten Körpersprache vor allem auch ihre Mimik eine große Rolle. So kann selbst ein kurzes Blickabwenden darüber entscheiden, ob ein Konflikt entsteht oder nicht. Bereits eine uralte Weisheit besagt: „Ein Blick sagt mehr als 1000 Worte". Entscheidend sind hier im Wesentlichen zwei Aspekte: den Blick zu vermeiden oder den Blick direkt auf den anderen zu richten. Hält ein Hund den Blick und starrt dem anderen regelrecht in die Augen, kann dies eine ganz klare Ansage sein: „Halte Abstand, komm nicht näher!". Doch was passiert, wenn man die Augen eines Hundes gar nicht erkennen kann, weil das Fell die Augen verdeckt?

Während der drohende Hund im schlimmsten Fall davon ausgeht, dass seine Warnsignale ignoriert werden und er deutlicher werden muss, kann es sogar passieren, dass er zum Angriff übergehen muss. Gleichzeitig hat der ihm entgegenkommende Hund kaum die Möglichkeit, zu zeigen, dass er keinen Konflikt provozieren möchte. Vielleicht kann er das Drohverhalten des anderen gar nicht sehen und auch den Blick abzuwenden wird deutlich erschwert.

Nicht nur für andere Hunde, auch für Menschen kann es schwierig sein, einen Hund, dessen Augen man nicht sehen kann, richtig einzuschätzen. Daher ist es wichtig, zu überprüfen, ob man die Augen deines Hundes gut erkennen kann oder ob sie durch langes Fell verdeckt sind. Ist das der Fall, sollte es so gekürzt werden, dass die Augen wieder frei sind, auch eine Haarspange oder ein Haargummi kann manchmal helfen. Das hat zugleich den Vorteil, dass der Hund wieder alles erkennen kann. Leider sehe ich immer wieder Hunde, deren Augen durch zu langes Fell verdeckt sind. So sind Kommunikationsmissverständnisse vorprogrammiert. Achte bei deinem nächsten Spaziergang mal darauf, ob dir ein solcher Hund begegnet und beobachte deinen Hund, wie er auf ihn reagiert.

Es gibt weitere Besonderheiten beim Hund, welche die Kommunikation untereinander erschweren, die man aber nicht durch das Kürzen von Fell beheben kann. Hierzu gehört das körpersprachliche Merkmal des aufgestellten Fells, das auch als Bürste bezeichnet wird. Bei Hunden mit einem kurzen Fell ist die Bürste oftmals sehr gut zu erkennen. Haben Hunde ein langes Fell, kann man die Bürste oftmals nicht erkennen. Der Rhodesian Ridgeback hingegen ist bekannt für die entgegengesetzte Wachstumsrichtung des Fells entlang seiner Rückenlinie. Dieses angeborene Merkmal könnte mit einer Bürste verwechselt werden. Auch eine von Natur aus verkürzte oder fehlende Rute kann im Einzelfall als eingeklemmte Rute gedeutet werden. Hunderassen, die so gezüchtet wurden, dass die Rute größtenteils über der Rückenlinie getragen wird und selten locker herabhängt, wie beispielsweise einigen Hunden nordischer Rassen, könnten auf andere Hunde beeindruckend wirken, auch wenn sie eigentlich gar keine imponierende Körperhaltung einnehmen. Demgegenüber wird die Rute bei manchen Windhunderassen auch im entspannten Zustand unter den Bauch eingezogen und fälschlicherweise eine unsichere Körperhaltung vermittelt.

Dies ist nur eine Auswahl bestimmter Merkmale, je näher man sich mit den Merkmalen bestimmter Rassen beschäftigt, desto mehr Merkmale findet man, die zu Kommunikationsmissverständnissen unter Hunden führen können. Daher ist es so wichtig, dass Welpen in der Sozialisierungsphase unterschiedliche Rassen kennenlernen und deren unterschiedliches Aussehen. Diese Erfahrungen beugen Missverständnissen vor und helfen dem jeweiligen Hund dabei, andere Hunde besser und sicherer einschätzen zu können.

Die Augen eines Hundes sollten gut erkennbar sein, um Missverständnissen vorzubeugen.

Wie kann man Spiel von Ernst sicher unterscheiden?

Benni, Kala und Ursel sind drei Welpen in einem Alter zwischen elf und zwölf Wochen. Ihre Menschen sind miteinander befreundet und treffen sich regelmäßig zum gemeinsamen Freilauf im Garten. Benni ist etwas größer als die beiden Hündinnen, er spielt sehr wild und auch sehr körperlich. Die Pfoten werden auf den Kopf und den Rücken der anderen gelegt, manchmal lässt er sich auch auf den Rücken fallen und Kala stellt sich mit weit aufgerissenem Maul über ihn.

„Woran erkennt man, dass die Welpen spielen? Das sieht doch ziemlich wild aus, ist das noch Spielverhalten? Wie entscheide ich jetzt, ob ich eingreifen muss und die beiden eine Pause brauchen?", fragt sich Bennis Frauchen. „Mach dir keine Sorgen", meint Kalas Herrchen. „Das ist noch Spielverhalten, die meinen das ja nicht ernst".

Doch dann hört man ein Knurren und das Geräusch aufeinanderschlagender Zähne. Ursel schnappt nach Kalas Ohren und hält diese fest. Kala quiekt und wird in eine Ecke in den Zaun gedrängt. Ursel lässt nicht locker. Nun unterbrechen alle Menschen gemeinsam den Freilauf und sorgen für eine kurze Pause. Die Herzen der Welpen klopfen wild. Nach ein paar Minuten lassen sie die drei wieder laufen, die jetzt wieder etwas ruhiger im Umgang miteinander sind. Kala und Ursel flitzen wieder durch den Garten. Ursel hat ein Spielzeug gefunden und trägt dieses durch die Gegend.

Der Körper und die Bewegungen des Hundes sind im Spiel weich und locker und er will sein Gegenüber nicht wirklich verletzen. Die Welpen üben im Spiel für den Ernstfall. Ihre Reaktionen sind jedoch gehemmt und ohne ernste Absicht. Im Spiel wird also nicht fest zugebissen und kein Welpe sollte körperlich bedrängt werden, sodass er sich unwohl fühlt.

Im Spiel kann jedoch auch innerhalb von Sekunden aus einer lockeren Situation ein ernster Konflikt werden. Insbesondere dann, wenn die spielenden Welpen müde werden, die Kräfte nachlassen oder die Frustration steigt, wird weniger rücksichtsvoll und vorsichtig miteinander umgegangen. Spielpausen helfen dann, alle Gemüter zu beruhigen.

Ein gutes Erkennungsmerkmal von Spielverhalten ist unter anderem die Wechselseitigkeit. Damit ist gemeint, dass man erkennen kann, dass mal der eine Welpe wegläuft, die Pfote auflegt, unten liegt oder den anderen mit seinem Körper wegdrückt. Im nächsten Augenblick ist es dann anders herum, der andere Welpe gewinnt die Oberhand. Beißt einer der Welpen in die Ohren, das Fell oder in die Rute des anderen Welpen, sollte der Freilauf unterbrochen werden, damit die Welpen lernen, dass dieses Verhalten nicht erwünscht ist.

Liegt ein Welpe länger auf dem Rücken und ein anderer Welpe hält ihn fest und steht über ihm, fehlt die Wechselseitigkeit und es handelt sich nicht mehr um ein Spiel. Auch wenn das Hinterherrennen einseitig wird und immer derselbe Welpe flüchtet und der andere die Verfolgung aufnimmt, ohne selbst mal wegzulaufen, ist das Rennen ebenfalls zu unterbrechen.

Grundsätzlich helfen viele kurze Spielpausen, den Umgang miteinander entspannter zu gestalten.

**Fehlt die Wechselseitigkeit,
handelt es sich nicht mehr
um Spielverhalten.**

Wie erkenne ich, wann mein Hund gestresst ist?

Wenn dein Hund sich gähnt, schüttelt, kratzt, hechelt oder über die Nase leckt, können das je nach Situation und einzeln oder zusammen gezeigt Merkmale dafür sein, dass er gestresst ist und du das Training anpassen musst.

Wichtig ist, nicht gleich zu interpretieren, sondern zunächst einmal nur zu beschreiben, welche körpersprachlichen Merkmale wir sehen können. Ein Hecheln allein ist noch kein eindeutiger Hinweis auf einen gestressten Hund. Hunde hecheln auch, um ihre Körpertemperatur zu regulieren, denn sie können nicht schwitzen wie wir Menschen. Hunde schütteln sich, um das Fell zu richten, aber auch, wenn sie eine stressige oder unangenehme Situation erlebt haben. Hunde blinzeln, um das Auge zu befeuchten, die Ohren werden auch bei der Jagd oder bei einer unsicheren Körperhaltung zurückgelegt.

Auf der Zeichnung ist die Mimik eines Hundes abgebildet, die mehrere Merkmale zeigt, die auf einen gestressten Hund hindeuten. Hierzu gehören beispielsweise: Den Blick abwenden, den Körper abwenden, das Blinzeln, die zurückgelegten Ohren, die Stressfalte und das Hecheln. Die sogenannte Stressfalte entsteht aufgrund der nach hinten gezogenen Maulwinkel.

Warum ist es wichtig, zu erkennen, dass ein Hund gestresst ist? Die Merkmale eines gestressten Hundes können die Vorboten für aggressives Verhalten sein. Insbesondere bei Umarmungen von Hunden können wir als erste Anzeichen für das Unwohlsein das gestresste Gesicht des Hundes erkennen. Kritische Situationen können entstehen, wenn sich ein Hund in die Enge gedrängt fühlt, beispielsweise wenn

wir den Kofferraum öffnen oder er unter einem Tisch liegt.

Vor allem kleinere Hunde werden oftmals liebevoll auf den Arm genommen. Achtet man jedoch auf ihre Mimik, kann man in vielen Fällen einen gestressten Gesichtsausdruck erkennen. Zeigt der Hund einen solchen Ausdruck, sollte er unverzüglich wieder auf den Boden gesetzt werden, da er sich sichtlich unwohl fühlt. Auch wenn Hunde vermeintlich liebevoll umarmt werden, kann man die Merkmale eines gestressten Hundes sehr oft ebenfalls erkennen. Dies gilt genauso für Hunde größerer Rassen. Daher ist es wichtig auch Kindern zu erklären, woran man einen Hund erkennt, der gestresst ist und ihnen zeigt, dass Hunde nicht gerne umarmt werden. Merkmale für Stress beim Hund können also ein guter Gradmesser sein, inwiefern der jeweilige Hund körperliche Nähe zulassen kann.

Im Hundetraining ist es unsere Aufgabe, die Aufgaben und Trainingsschritte so zu gestalten, dass der Hund nicht überfordert wird. Insbesondere, wenn Übungen sehr gut funktionieren oder wir einen großen Schritt im Training erzielt haben, neigen wir Menschen oft dazu, die Übungseinheit zu lange fortzusetzen, weil es gerade so schön ist. Besser ist es, das Training zu beenden, wenn es gut klappt und den Hund und uns selbst nicht zu überfordern. Zeigt der Hund im Training Anzeichen für Stress, kann dies ein gutes Messinstrument sein, um eine Pause einzuleiten oder das Training zeitnah zu beenden.

Wenn du mit deinem Hund in der Öffentlichkeit unterwegs bist und er vielen Reizen ausgesetzt ist, kann dir seine Körpersprache ebenfalls Auskunft geben, wie es ihm in dieser Situation geht. Leider sieht man in Fußgängerzonen, auf Märkten, Messen und so weiter häufig sehr stark gestresste Hunde, die von ihren Besitzern hinterhergezogen werden, ohne dass diesen überhaupt auffällt, wie es ihrem Hund geht. Achte einmal bewusst darauf und dein Blick für Stressanzeichen beim Hund wird immer besser werden!

Stress muss nicht immer unangenehm sein, wir können auch Stress empfinden, wenn wir eine Tätigkeit ausüben, die uns großen Spaß macht. Aber auch bei positivem Stress bedarf es Pausen und Erholung.

Im Alltag ist es nicht immer zu vermeiden, dass der eigene Hund in eine stressige Situation gerät, das gehört zum Leben auch einmal dazu. Doch gerade im Hinblick auf die körperliche Nähe kann das Wissen über die Mimik des Hundes wesentlich dabei helfen einzuschätzen, welches Verhalten für einen Hund noch in Ordnung ist und welches zu Unwohlsein bei ihm führt.

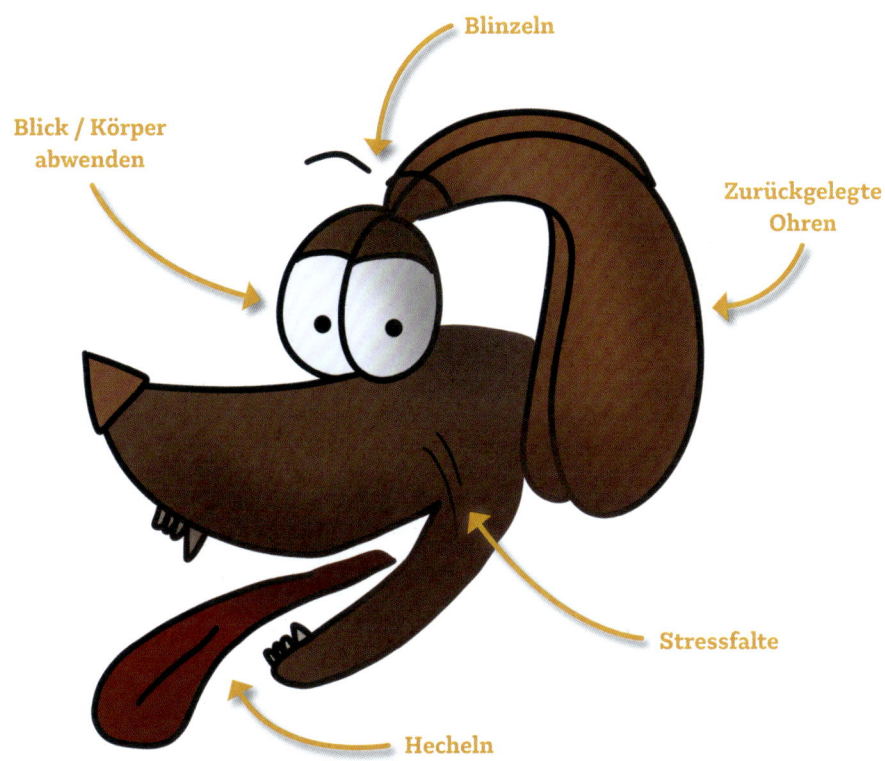

Blinzeln

Blick / Körper abwenden

Zurückgelegte Ohren

Stressfalte

Hecheln

Ein gestresster Hund ist an seiner Mimik zu erkennen.

Warum markiert mein Hund überall?

In fast jedem Hundetraining ist das Urin- und Kotabsetzen des Hundes von Bedeutung – zum Beispiel, wenn es darum geht, den Welpen stubenrein zu bekommen, der erwachsene Hund plötzlich in die Wohnung macht oder auf dem Spaziergang plötzlich fremde Menschen angepinkelt werden. Dabei gibt es bestimmte Stellen, an denen Hunde sehr häufig Urin absetzen. Ist man in einem Stadtviertel auf dem Bürgersteig unterwegs, kommt man an verschiedensten Stellen vorbei: an Mauern, an Torpfosten, Blumen, Büschen, Autos, Laternen, Straßenschildern und Bäumen. Besonders unangenehm wird es, wenn statt öffentlichen Laternen oder Zäunen plötzlich Hosenbeine oder Handtaschen markiert werden. Warum pinkeln Hunde eigentlich so oft?

In der letzten Woche habe ich eine Dokumentation über eine Affenart aus Madagaskar, die sogenannten „Indris", gesehen. Deren Verhalten hat mir die Bedeutung von Markierverhalten noch einmal bildlicher vor Augen geführt: Denn diese Affen singen! Ich weiß nicht, ob man das wirklich als Gesang bezeichnen

Beim Markieren nehmen vor allem Rüden ein Hinterbein hoch.

kann, es klingt eigentlich eher wie Geschrei. Aber diese Affen singen tatsächlich, um ihr Revier zu sichern. Unter ihnen gilt: Kann ich den anderen Affen noch hören, befinde ich mich in seinem Revier. Das Revier zu verteidigen ist in der freien Wildbahn absolut überlebenswichtig. Hier findet man Nahrung, einen Lebensraum, einen oder mehrere Partner für die Paarung und kann seine Nachkommen aufziehen.

Sind wir mit unseren Hunden unterwegs, fangen sie glücklicherweise nicht zu singen an. Aber sie setzen Urin und Kot ab – und das aus den gleichen Gründen. Es sollen also möglichst viele Artgenossen über diese Grenzen und über die Ausweitung des eigenen Reviers in Kenntnis gesetzt werden. Wie erreicht man, dass möglichst viele Individuen mitbekommen, dass man ein bestimmtes Revier für sich in Anspruch nimmt?

Richtig, indem man die relevante Information an zentralen Stellen positioniert. Vielleicht hast du dich beim Autofahren schon einmal geärgert, weil du ein Geschwindigkeitsschild nicht wahrgenommen hast und dann geblitzt wurdest. Ich würde sagen, dich trifft keine Schuld, das Schild wurde nicht so optimal positioniert. Scherz beiseite. Straßenschilder stehen möglichst so, dass man sie nicht übersieht. Hunde gehen da ebenso strategisch vor. Je höher und je offensichtlicher, desto besser. Hast du beim Spazierengehen auch schon einmal beobachtet, dass dein Hund mit den Hinterbeinen über den Boden „scharrt", wurdest du dadurch vielleicht schon einmal von einem Grasbüschel getroffen und hast dich dann gefragt, ob dein Hund dich ärgern will?

Beim Welpen kommt dieses Verhalten noch nicht vor, im Gegensatz zu erwachsenen Hunden haben sie noch nicht auf dem Schirm, den Lebensraum abzusichern oder nach Partnerschaften zu suchen und diese für sich in Anspruch zu nehmen. Deshalb sieht man dieses Verhalten insbesondere bei Hunden, denen diese Aufgabe sehr wichtig ist. Häufig kannst du beobachten, dass dein Hund zuvor Urin oder Kot abgesetzt hat. Das Scharren über den Boden dient sozusagen unterstützend, denn durch das Scharren wird der Boden verletzt und die Stelle für jeden anderen Hund besonders gut sichtbar. Es ist also eine Art Hinweisschild.

Dass der Hund uns dabei mit Dreck und Grasbüscheln trifft, ist keine Absicht, dennoch ist dieses Verhalten als eine Art Selbstdarstellung anzusehen. Wenn nun aber Hosenbeine zum Opfer des Markierverhaltens werden oder der Zaun im Vorgarten des Nachbars angepinkelt wird, liegt der Wunsch nahe, seinem Hund zu vermitteln, dass das nicht in Ordnung ist.

Kann ich das Markierverhalten und Scharren denn unterbinden? Ein Hund versteht nicht, warum wir in solchen Situationen schimpfen. Wir Menschen setzen nun einmal keine Markierungen, und das finde ich auch gut so. Die Frage ist jedoch, ob dein Hund mit der Aufgabe, die er da gerade übernimmt, tatsächlich zurechtkommt. Die Mehrzahl aller Hunde ist damit überfordert, ständig aufzupassen und zu

Beim Scharren werden die Pfoten über den Boden gewetzt.

Ein Hund, der markiert, hinterlässt Hinweise für andere Artgenossen.

entscheiden, ob wir in Gefahr schweben oder der verhasste Konkurrent um die nächste Ecke lauert und das Revier streitig macht. Spätestens, wenn das Verhalten deines Hundes nicht mehr alltagstauglich ist, beispielsweise weil er zum Leinenpöbler wird oder du zu Hause keinen Besuch mehr empfangen kannst, wird es Zeit, sich diesem Thema einmal mithilfe eines Trainers intensiver zu widmen. Ein Hund, der auf dem Spaziergang die Aufgabe erfüllt, den Lebensraum zu schützen, diesen für sich in Anspruch nimmt und dies durch das Markieren demonstriert, wird dieses Verhalten auch in anderen Alltagssituationen zeigen und darüber entscheiden, wer euch auf dem Spaziergang entgegen kommen darf, oder bei dir zu Hause zu Besuch kommen darf. Hier gibt es dann also einen direkten Zusammenhang, der im Training berücksichtigt werden muss.

Doch das Pinkeln und Scharren allein entscheidet nicht darüber, wer in eurem Team die Verantwortung in Gefahrensituationen übernimmt. Es reicht also nicht, deinem Hund das Markieren zu verbieten und letztendlich wird er das Markieren auch nicht lassen, nur weil du ab

und zu schimpfst. Stattdessen besteht die Trainingsaufgabe darin, deinem Hund zu vermitteln, dass du die wichtigen Aufgaben in eurem Leben übernimmst. Häufig läuft es nämlich folgendermaßen: Dein Hund läuft vor, bleibt stehen, du bleibst stehen, er läuft vor, bleibt stehen, du bleibst stehen. Die Frage ist dann: Wer führt eigentlich wen? Dein Hund führt dich.

Ein erster Schritt ist, beim nächsten Spaziergang einmal darauf zu achten, dass du nicht auf deinen Hund wartest, wenn er Urin absetzt, sondern deinen Weg fortsetzt und auf das Pinkeln erst einmal nicht weiter eingehst. Das heißt jetzt nicht, dass du deinen Hund hinter dir her zerrst, aber du solltest auch nicht minutenlang stehen bleiben und auf deinen Hund warten. Ein Training sollte immer speziell auf jedes Mensch-Hund-Team abgestimmt sein. Was für den einen Hund gilt, kann für den anderen der falsche Trainingsweg sein. Daher ist es wichtig, bei speziellen Problemen, wie dem Pöbeln an der Leine, die Hilfe eines Trainers in Anspruch zu nehmen, der dich und deinen Hund genau analysiert und gemeinsam mit dir einen speziellen Trainingsweg erstellt.

Woran kann ich erkennen, ob ein Hund droht?

Das Telefon klingelt. Ein älterer Herr ist am anderen Ende und bittet mich um Hilfe. Er ist der Opa eines sieben- und eines elfjährigen Mädchen und es gab innerhalb der Familie mit dem Hund der Eltern einen Beißvorfall. „Die Kinder und der Hund verstehen sich wirklich gut. Es ist beim Gutenachtsagen passiert, der Hund hat der Kleinen ins Gesicht geschnappt. Bitte helfen Sie uns, meine Enkelkinder hängen sehr an dem Hund."

Solche Anrufe stimmen mich sehr traurig, denn es sind Situationen, die sicherlich verhindert und denen hätte vorgebeugt werden können. Ich bin mir sehr sicher, dass dieser Hund zunächst Warnsignale gezeigt hat, die leider unerkannt geblieben sind.

Erfahrungsgemäß lassen sich die meisten Konfliktsituationen und Beißvorfälle innerhalb der Familie verhindern, wenn die Körpersprache der Hunde besser verstanden wird. Für den Alltag mit Hund, insbesondere in der Familie mit Kindern, ist es außerordentlich wichtig, die Körpersprache des Hundes lesen zu können, um die ersten Anzeichen für Konflikte frühzeitig zu erkennen. Sendet ein Hund Warnsignale wie das Fixieren oder das Knurren oder Anzeichen von Stress, müssen wir als Erwachsene eingreifen.

Alle körpersprachlichen Signale des Hundes, die zum Drohverhalten gehören, erfüllen zunächst folgenden Zweck: Das Gegenüber auf Abstand halten. Bei der Körpersprache ist es grundsätzlich wichtig, mehr als nur ein Merkmal zu betrachten. Es reicht nicht aus, ausschließlich auf den Blick des Hundes und seine Nase zu schauen. Häufig zeigen Hunde Misch-

> **Wichtig!**
>
> Bestraft man das Drohverhalten des Hundes, kann es in der Folge dazu kommen, dass der Hund in Zukunft keine Warnzeichen mehr zeigt. Da sein Problem jedoch nicht gelöst ist und er keine Möglichkeit hat, sich anders auszudrücken oder sich zurückzuziehen, fördert man durch die Bestrafung, dass der Hund zukünftig ohne Vorwarnung beißt. Frage dich immer: Was ist die Ursache für dieses Verhalten, wie kann ich meinem Hund helfen und wie kann ich der Situation beim nächsten Mal besser vorbeugen? Suche dir frühzeitig Rat bei einem renommierten Trainer!

formen verschiedener Extreme und innerhalb von Sekunden kann ein Wechsel zwischen offensiven und defensiven Verhaltensformen stattfinden. Handelt es sich um eine offensive Drohgeste, ist die Körpersprache des Hundes typischerweise durch ein sicheres Auftreten gekennzeichnet, er ist zum Angriff bereit.

Zeigt der Hund eine defensive Drohgeste, ist der Blick eher indirekt, er starrt das Gegenüber also nicht direkt an, dennoch lässt er die Gefahr nicht aus den Augen. Eines von mehreren körpersprachlichen Hinweisen auf offensives Drohverhalten ist die C-förmige Maulspalte. Hierbei sind ausschließlich die vorderen Zähne, also die Schneidezähne und Fangzähne sichtbar. Die Maulwinkel sind kurz und rund. Der nach unten gehaltene Nasenrücken ermöglicht den starren und intensiven Blick durch das Absenken der Nasenspitze. Manchmal hält das Fixieren mehrere Sekunden an, manchmal entscheidet eine Zehntelsekunde über einen möglichen Angriff.

Im Gegensatz zum offensiven Drohverhalten zeigt der Hund eher selbstverteidigendes Verhalten, da er sich bedrängt fühlt. Kennzeichnend hierfür ist die V-förmige Maulspalte: Der Hund zieht die Maulwinkel ganz nach hinten, sodass sein gesamtes Gebiss inklusive der Backenzähne zum Vorschein kommt. Defensiv bedeutet aber nicht, dass der Hund ängstlich und daher nicht gefährlich ist. Der Blick über den nach oben gehaltenen Nasenrücken ist oft schwieriger zu erkennen. Eine gedachte waagerechte Linie kann helfen, zwischen offensiv und defensiv zu unterscheiden. Zeigt ein Hund Drohverhalten, ist es für das spezielle Training sehr wichtig zu unterscheiden, ob es sich um offensives oder defensives Drohverhalten handelt.

Für Eltern oder Hundebesitzer sollte die Unterscheidung zwischen defensiven und offensiven Merkmalen nicht im Fokus stehen. Entscheidend ist jedoch, defensives Verhalten erkennen zu können und es nicht damit zu verwechseln, dass der Hund unsicher ist oder sich wohlfühlt, nur weil er sich zunächst zurückzieht und nicht so selbstsicher oder bedrohlich auftritt, wie es bei einer offensiven Körperhaltung der Fall ist.

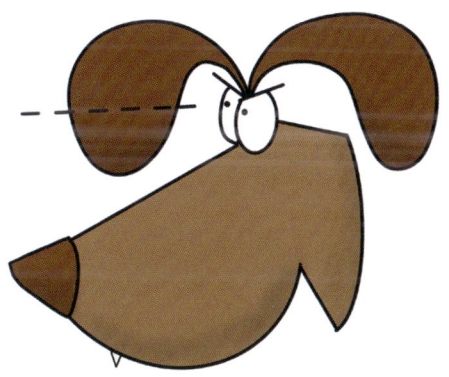

Beim offensiven Drohen wird der Nasenrücken nach unten gehalten.

Ein Merkmal für defensives Drohen ist der nach oben gehaltene Nasenrücken.

Beim C-Maul sind nur die vorderen Zähne sichtbar.

Beim V-Maul sind die vorderen und hinteren Zähne sichtbar.

GESUNDHEIT

Woran erkenne ich eine Blasenentzündung?

Wenn man von einer Blasenentzündung, also einer Entzündung der Harnblase spricht, kann ausschließlich die Harnblase betroffen sein, aber auch die ableitenden Harnwege.

Was sind denn die ableitenden Harnwege?

Die ableitenden Harnwege setzen sich aus folgenden Organen zusammen:

Die Nieren, genauer das Nierenbecken und die Nierenkelche. Diese funktionieren wie ein Sammeltrichter für den Urin. Urin entsteht durch ein Filtersystem in den Nieren und dient der Ausscheidung von Wasser, Harnstoff, Elektrolyten und anderen Bestandteilen des Körpers.

Die paarigen Harnleiter: Dieser verbindet jeweils eine Niere mit der Harnblase.

Die Harnröhre: Diese ist sozusagen der Ausgang von der Harnblase aus dem Körper heraus. Aufgrund der Nähe zum Darmausgang kann es insbesondere bei der Hündin zu einer sogenannten aufsteigenden Infektion kommen. Das heißt, die Bakterien aus dem Darm können über die Harnröhre in die Harnblase gelangen und dort eine Entzündung verursachen.

Welche Ursachen kommen für eine Harnblasenentzündung infrage?

Häufige Ursache für eine Harnblasenentzündung können Bakterien sein, die über die Harnröhre in die Harnblase gelangen. Selten kommen Pilze, Parasiten und Mykoplasmen (Bakterien, die keine Zellwand haben) als Ursache infrage.

Zu weiteren Ursachen, die nichts mit Erregern zu tun haben und seltener vorkommen, zählen Ablagerungen in der Harnblase und im Harnleiter, Umfangsvermehrungen (möglicherweise Tumore) und Missbildungen von Organen sowie ein geschwächtes Immunsystem. Dieses kann beispielsweise durch weitere Stoffwechselerkrankungen geschwächt sein.

Wie merke ich, dass mein Welpe eine Blasenentzündung hat?

Obwohl es schon Fortschritte gab und dein Welpe vermehrt draußen Urin abgesetzt hat, kommt es nun wieder öfter vor, dass er in die Wohnung macht. Dabei werden kleine Mengen in erhöhter Häufigkeit und an ungewöhnlichen Orten abgesetzt. Häufig ist das Urinabsetzen mit Schmerzen verbunden, vielleicht merkst du, dass dein Welpe sich ruhiger verhält als sonst oder sich vermehrt zurückzieht und insgesamt abgeschlagen wirkt.

Blut im Urin ist in jedem Fall ein Hinweis, den Tierarzt aufzusuchen, genau wie bei einer erhöhten Körpertemperatur, wenn der Urin komisch riecht oder dein Welpe gar keinen Urin mehr absetzt.

Unterstützend zu der Therapie beim Tierarzt hilft:

Du solltest deinen Hund warmhalten, nasses und windiges Wetter vermeiden und Stress reduzieren. Ruht euch aus und sorge dafür, dass dein Welpe genug trinkt.

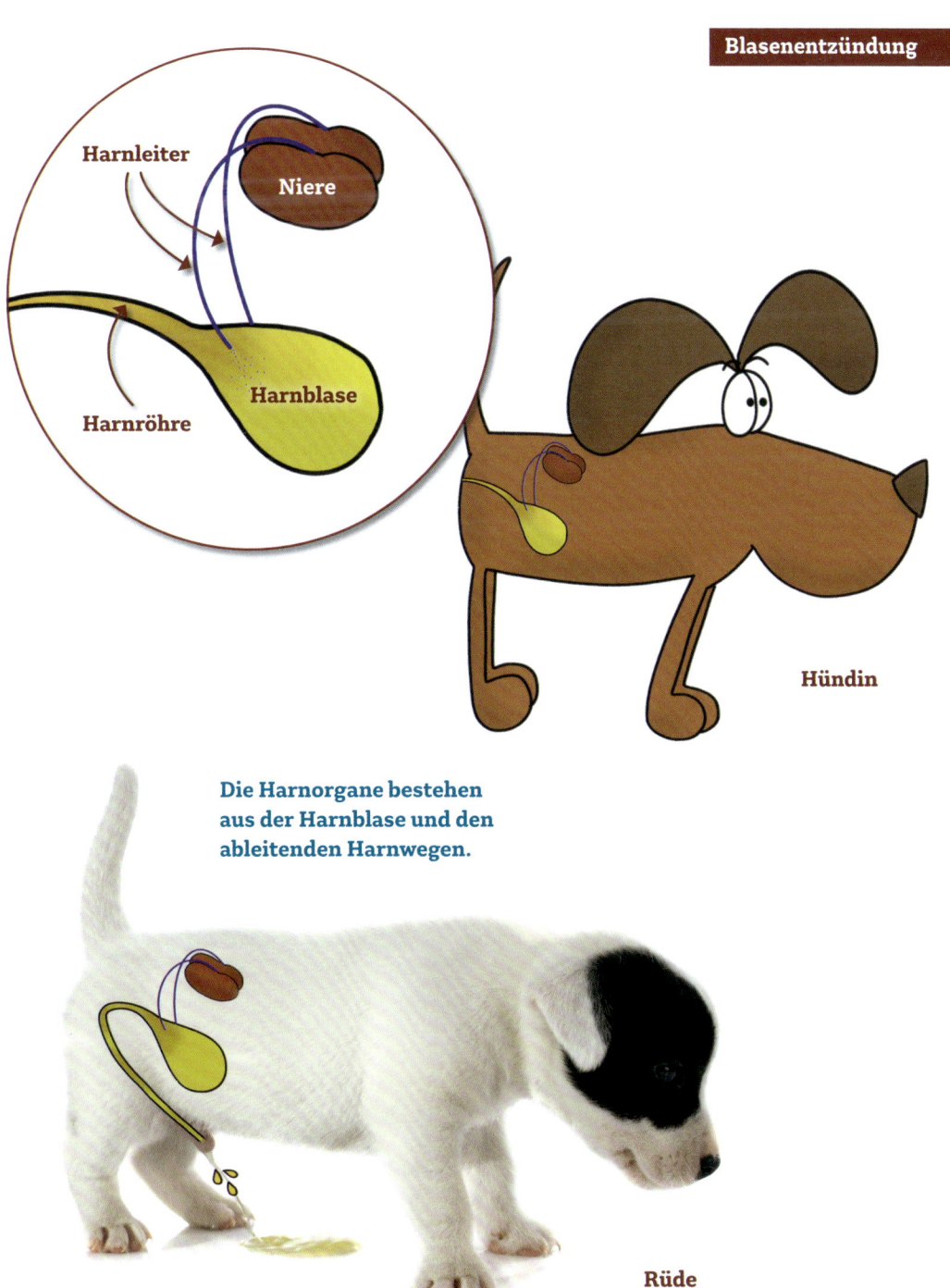

Harnleiter

Niere

Harnblase

Harnröhre

Hündin

Die Harnorgane bestehen aus der Harnblase und den ableitenden Harnwegen.

Rüde

Woran erkenne ich, ob mein Hund Giardien hat?

Giardien sind Darmparasiten, die zur Gruppe der Einzeller gehören, also Erreger, die aus einer Zelle bestehen und durch das Vorhandensein von mindestens vier Geißeln gekennzeichnet sind. Geißeln sind diese langen fadenartigen Gebilde, die aussehen wie Peitschen und der Fortbewegung dienen. Außerdem haben sie zwei Zellkerne. Benannt wurden diese Erreger nach dem französischen Zoologen Alfred Giard.

Giardien kommen sowohl bei Säugetieren als auch bei Reptilien und Vögeln vor. Die Giardien der „Duodenalis-Gruppe" (duodenalis ist abgeleitet von Duodenum, also einem Teil des Dünndarms) kommen beim Hund und bei der Katze, aber auch beim Menschen vor. Wir Menschen können uns also bei unseren Haustieren anstecken.

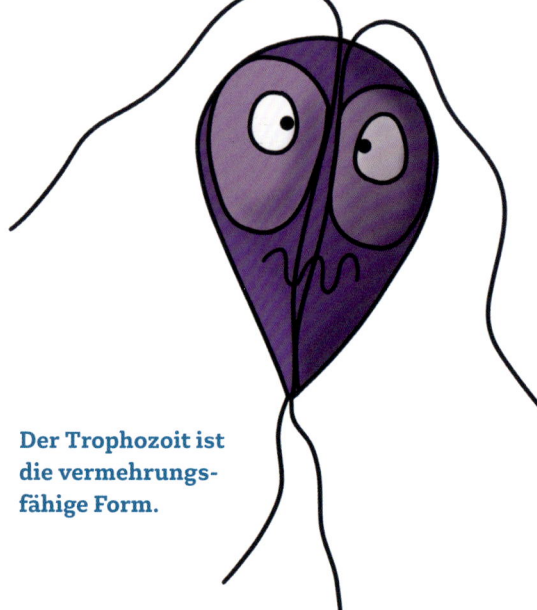

Der Trophozoit ist die vermehrungsfähige Form.

Allerdings kann diese Gruppe nochmals in weitere Gruppen entsprechend der Zusammensetzung der Gene der Zellkerne eingeteilt werden. Davon kommen manche nur beim Hund und nicht beim Menschen vor, die Ansteckung des Menschen ist daher nicht so häufig. Wie steckt man sich mit Giardien an?

Bei Parasiten kann man häufig sogenannte Entwicklungszyklen aufzeichnen, da die Parasiten verschiedene Entwicklungsstadien durchmachen. Bei den Giardien gibt es zwei Formen: Den Trophozoiten und die Cysten. Der Trophozoit ist die vermehrungsfähige Form, welche die Zellen des Dünndarms und weiterer Organe angreift, um sich zu vermehren. Durch Zellteilung entstehen aus den Trophozoiten sogenannte Cysten, die dann über den Kot ausgeschieden werden. Die Menge der ausgeschiedenen Cysten ist häufig sehr groß. Werden die Cysten von einem Hund oder Mensch dann über den Mund aufgenommen, gelangen die Cysten in den Magen. Durch den pH-Wert im Magen werden aus den Cysten wieder Trophozoiten freigesetzt, die dann wieder den Darm besiedeln.

Wie lange sind Cysten in der Umgebung noch gefährlich, um sich anzustecken? In feuchter Umgebung bleiben Cysten bis zu drei Wochen infektiös, in kühlem Wasser sogar bis zu drei Monate. Die Aufnahme der Cysten kann zum Beispiel durch das Belecken von Fell, verunreinigtem Trinkwasser oder das Fressen von Kot erfolgen. Die Cysten müssen dabei in den Mund beziehungsweise das Maul gelangen.

Besonders empfänglich für Giardien sind Jungtiere und Welpen. Diese zeigen dann Durchfall oder dünnbreiigen Kot über einen längeren Zeitraum, manchmal ist der Kot auch blutig. Man geht davon aus, dass sich ein nicht unwesentlicher Teil aller Welpen mit Giardien ansteckt, viele erkranken jedoch nicht und zeigen keine Symptome, scheiden die Cysten jedoch aus. Die ausgeschiedenen Cysten können dann wieder andere vulnerable Hunde und unter Umständen auch Menschen anstecken. Mit dem Alter werden die meisten Hunde immun gegen eine Erkrankung und unterliegen einem gewissen Schutz für eine erneute Infektion. Besonders gefährdet zu erkranken sind Individuen mit einem geschwächten Immunsystem, trächtige bzw. schwangere, sehr alte und sehr junge Individuen.

Nicht jeder Welpe, der Durchfall hat, hat auch Giardien. Das kann aber nur der Tierarzt abklären. Dazu ist es wichtig, im Vorfeld Kotproben zu sammeln. Der Tierarzt benötigt für die Untersuchung keine großen Mengen, es ist jedoch ratsam, aus verschiedenen Kothaufen Material zu gewinnen, da das Ausscheiden von Cysten über den Tag unterschiedlich hoch ist. Ist der Test positiv, kann der Tierarzt ein Medikament verabreichen, das die Giardien bekämpft.

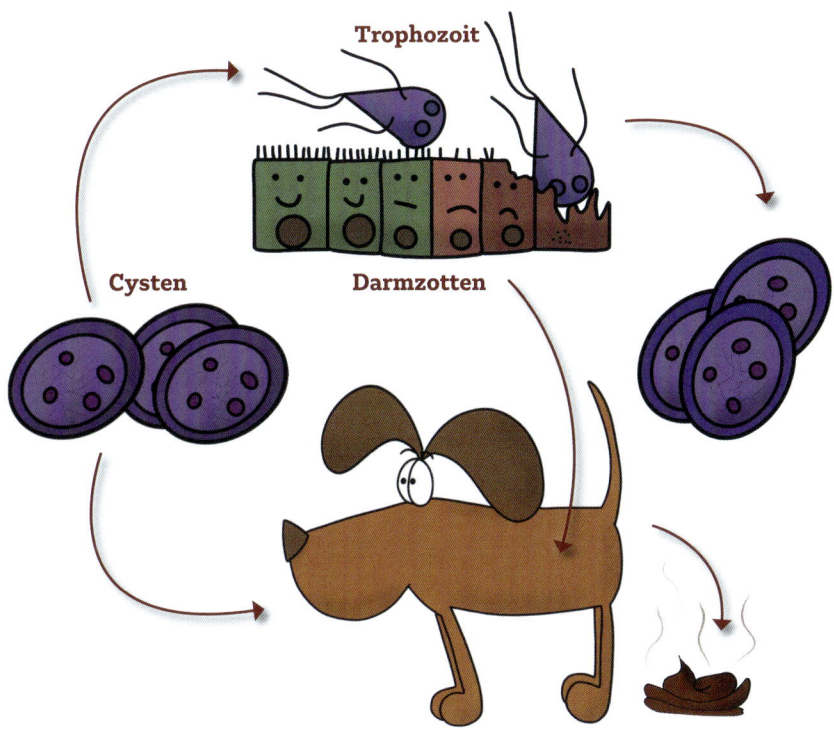

Der Entwicklungsyklus der Giardien erfolgt über zwei Formen, die Cysten werden über den Kot ausgeschieden.

Warum sollte man Hundekot draußen immer entfernen?

Erinnerst du dich auch an dein letztes Mal, als du in Hundekot getreten bist? Mir ist das vor allem als Kind sehr oft passiert, zum Bedauern meiner Eltern. Als Erwachsener muss man die Schuhe dann selbst sauber machen, so wie ich zuletzt unter dem Waschbecken in der Mietwohnung. Ich war mit Kunden im Training unterwegs, als ich dann ins Auto stieg und mich auf dem Weg nach Hause fragte, warum es plötzlich so stank. Da war ich wohl in eine Tretmine reingeraten. Ich habe mich ziemlich geärgert, angehalten und vergeblich versucht, mit meinem letzten Schluck Wasser die Schuhe einigermaßen sauberzumachen. Ich hatte noch eineinhalb Stunden Autofahrt vor mir.

Oftmals werde ich auch gefragt, was wohl die beste Wurmkur für Hunde ist und wie oft man eigentlich entwurmen sollte. Diese Frage ist immer individuell zu beantworten, denn verschiedene Faktoren spielen dabei eine wichtige Rolle. Die Vereinigung von VeterinärparasitologInnen ESCCAP stellt auf ihrer Internetseite viele hilfreiche Informationen zur Entwurmung beim Hund zur Verfügung (www.esccap.de). Hundekot, der nicht entfernt wird, bietet einen wunderbaren Nährboden für Würmer und andere Parasiten. Dennoch beobachte ich viele Menschen, die den Kot ihrer Hunde nicht entfernen. Vor allem im Wald oder im Gebüsch, denn „Da tritt ja keiner rein" oder „Das ist jetzt so dünn, das kann ich nicht aufsammeln". Doch gerade, wenn der Hund dann auch noch Durchfall hat, können sich im schlimmsten Fall andere Hunde oder andere Tiere daran anstecken.

Im Training begegnet mir dann aber oft die Frage, wie man seinem Hund beibringt, keine Sachen vom Boden zu fressen, vor allem keinen Kot von fremden Hunden. Hier kommen fünf Gründe, warum man aus meiner Sicht Hundekot auch im Wald entfernen sollte:

1. Es ist absolut eklig, fremden Hundekot (auch eigenen, aber dafür ist man ja selbst verantwortlich) von den Schuhen zu kratzen.

2. Hundekot ist ein hervorragender Nährboden für Würmer und andere Krankheitserreger. Beispielsweise handelt es sich bei der Neosporose um eine Infektion mit einem Erreger, der insbesondere bei Rindern zu Fehlgeburten führen kann. Hunde, die diesen Erreger in sich tragen, können diesen ausscheiden und zu seiner Verbreitung beitragen, daher sollten Hunde von Weiden, landwirtschaftlichen Nutzflächen und Futterlagerflächen ferngehalten werden.

3. Treten Menschen in Hundekot, kann Hass auf Hunde entstehen, möglicherweise wird hierdurch das Auslegen von Giftködern gefördert.

4. Viele Hunde, aber auch andere Tierarten fressen den Kot und werden krank, da sie hierüber Krankheitserreger aufnehmen.

5. Die Beschaffenheit des Kots deines Hundes liefert dir Informationen über seinen Gesundheitszustand. Beispielsweise können eine zu dünne Konsistenz oder eine schleimige Oberfläche ein Hinweis auf Durchfall oder ein Entzündungsgeschehen im Darm sein.

Nun werden viele Stimmen laut, dass Hundekot nun wirklich kein Grund ist, Giftköder auszulegen. Stimmt. Zudem gibt es noch viele weitere Themen, die kritisch zu sehen sind, beispielsweise, dass Müll in der Natur liegen gelassen wird oder Flaschen zerschlagen werden und dann überall Glasscherben herumliegen.

Dabei gibt es so spannende neue Erfindungen. Zuletzt habe ich erfahren, dass es Hundekotbeutel gibt, die aus keinerlei Erdöl bestehen und zu 100 Prozent abgebaut werden kön-nen. Somit gibt es eigentlich keine Ausrede mehr, Hundekot auf öffentlichen Wegen nicht zu entsorgen, das heißt in der Restmülltonne oder auch in einem Mülleimer. An hochfrequentiert besuchten Orten findet man häufig Mülleimer, die extra von der Gemeinde aufgestellt wurden. Allzu oft sieht man leider immer noch unverrottbare gefüllte Kotbeutel, die draußen rumliegen und die Umwelt noch zusätzlich verschmutzen.

Hundekot trägt zur Verbreitung von Krankheitserregern bei.

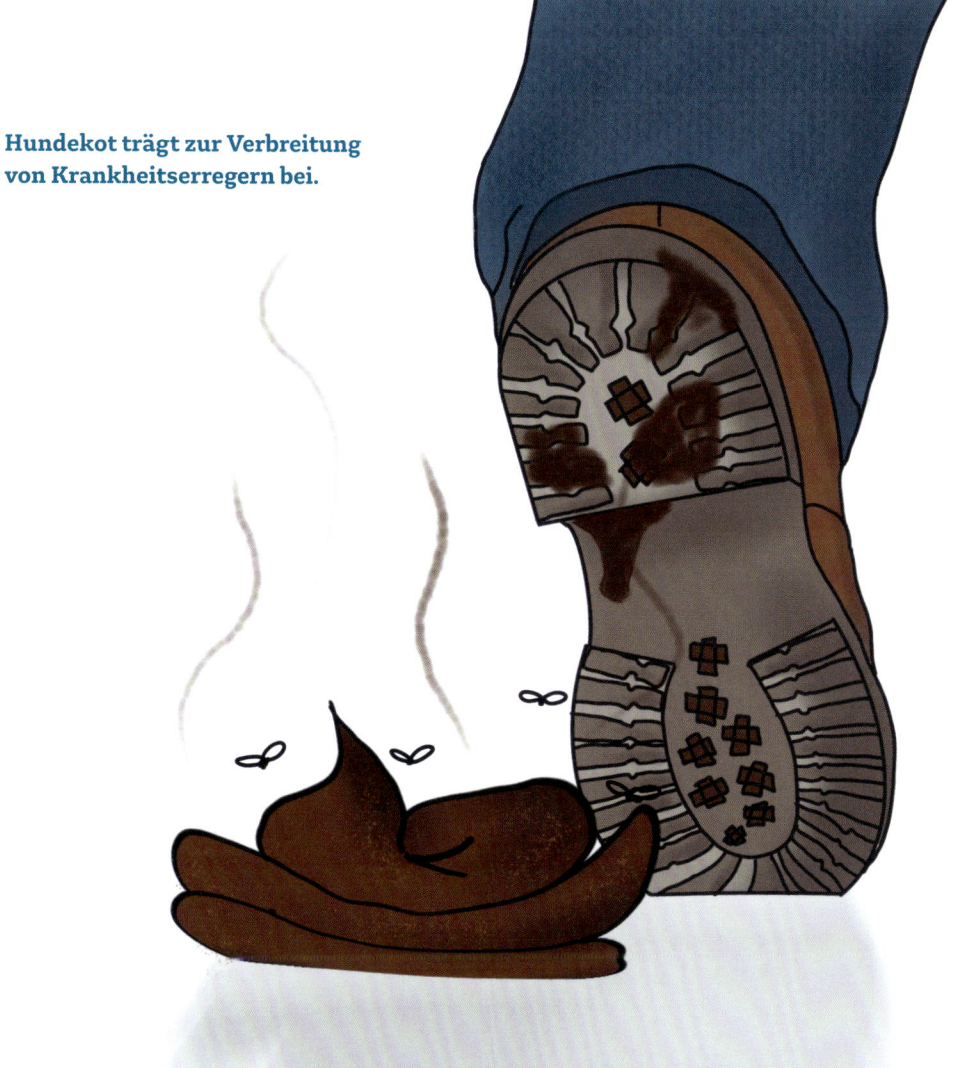

Das ist doch nur ein Stöckchen, was soll da groß passieren?

„Mein Hund trägt am liebsten Äste, wir haben schon eine kleine Sammlung zu Hause." Kennst du die Videos auf Social Media, auf denen ein kleiner Hund einen gigantischen Ast im Maul hat und diesen durch die Gegend trägt? Und dann kommt er mit diesem Ast nicht mehr durch die Haustür oder zwischen zwei Pfosten hindurch. Eigentlich doch ganz niedlich, oder?

Auch auf dem Spaziergang erlebe ich es oft, dass Hunde lieber Stöcke apportieren als den Ball oder einen anderen Apportiergegenstand. Ein Grund dafür könnte sein, dass der Hund möglicherweise selbst entscheiden möchte, mit welchem Gegenstand gespielt wird. Äste

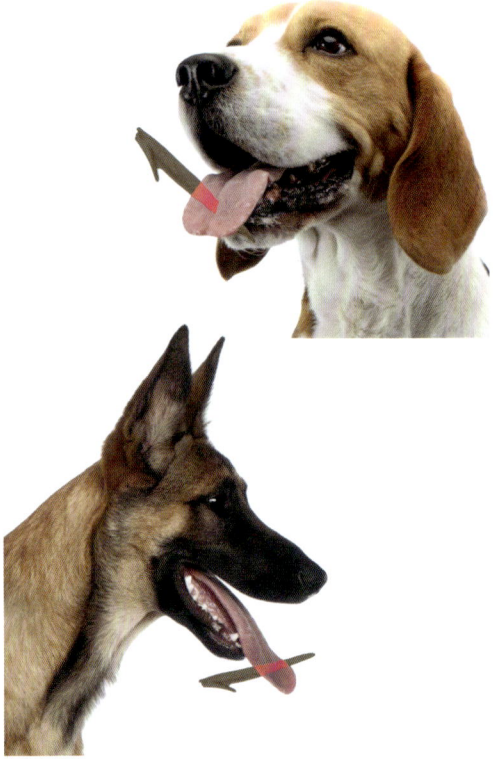

Es kann zu schwerwiegenden Verletzungen kommen, wenn das Stöckchen zwischen den Backenzähnen stecken bleibt.

Das Tragen von Stöckchen kann zu Splittern im Mundraum und zum Anschwellen der Zunge führen.

und Stöckchen gibt es zahlreich im Wald, so kann der Hund die Spielregeln selbst festlegen. Plötzlich ist dieser eine Stock interessant und kein anderer! Andererseits könnte dein Hund auch gelernt haben, dass er mithilfe des Stöckchens deine Aufmerksamkeit bekommen kann. Entweder, weil du ihn öfter aus dieser Situation herausgerufen, ihn belohnt oder ihm eine Alternative angeboten hast oder weil du schimpfst, sobald er sich für ein Stöckchen interessiert. Noch wichtiger als Erziehungsthemen sind gesundheitliche Gründe. Hunde sollen vor allem deshalb keine Stöckchen tragen, weil das Verletzungsrisiko sehr hoch ist.

Zum einen besteht die Gefahr von Splittern, die sich beispielsweise in die Zunge bohren können. Diese kann dadurch erheblich an-

schwellen und es besteht Erstickungsgefahr. Kaut ein Hund auf einem Stock herum, kann es auch passieren, dass der Stock zerbricht und sich ein Teil des Stocks zwischen den hinteren Backenzähnen einklemmt. Dieses Stück führt dann zu großen Schmerzen und man kann es nur noch unter Narkose beim Tierarzt entfernen.

Trägt ein Hund den Stock nicht quer, sondern längs im Maul, besteht sogar die Gefahr, dass er sich diesen Stock in den hinteren Rachen rammt und dieser den Körper durchdringt und auf einer anderen Seite wieder heraus zeigt. Im schlimmsten Fall werden dabei Blutgefäße beschädigt oder sogar die Halsschlagader.

Nutze für deinen Hund geeignete Apportiergegenstände, die er nicht zerkauen kann und die nicht zu schwerwiegenden Verletzungen führen kann.

Sollte dein Hund im Wald oder unterwegs keine anderen Gegenstände als Stöcke apportieren wollen, hilft ein gut aufgebautes Training, damit das Apportieren auch außerhalb der eigenen vier Wände und unter Ablenkung möglich wird.

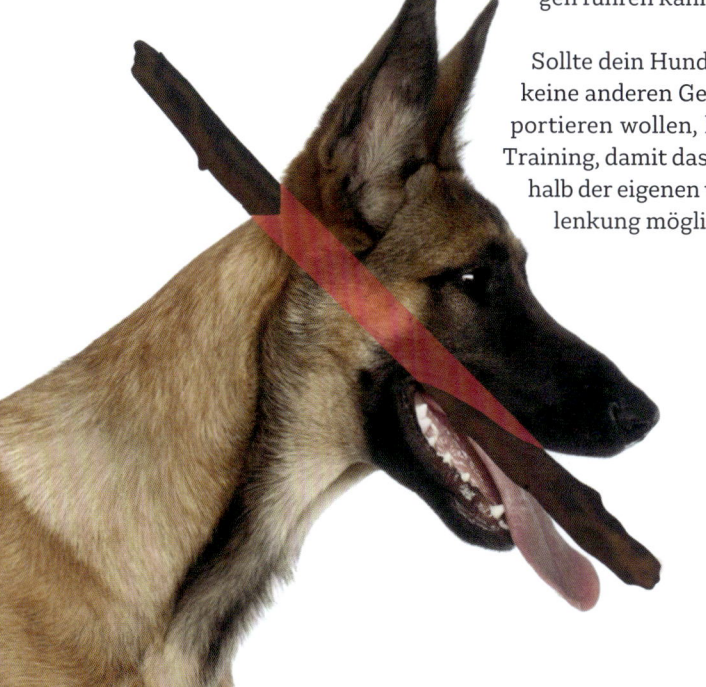

Ein Stock, der den Rachen durchdringt, bringt einen Hund schnell in eine lebensbedrohliche Situation.

Magendrehung – darf mein Hund nach dem Essen spielen?

Während andere Erkrankungen wenig bekannt sind, kursieren zahlreiche Tipps im Umgang mit dem Hund zum Thema Magendrehung. Viele Hundemenschen haben Sorge, dass es ihren Hund einmal erwischt, obwohl die Magendrehung im Vergleich zu anderen Erkrankungen gar nicht so häufig vorkommt und nicht ansteckend ist. Dennoch kann sie sehr schnell lebensbedrohlich für den Hund werden, gilt als absoluter Notfall und sollte zeitnah erkannt und behandelt werden.

Doch was versteckt sich hinter dem Begriff Magendrehung und wieso dreht sich eigentlich der Magen?

Um zu verstehen, warum eine Magendrehung so schnell lebensbedrohlich werden kann, müssen wir uns ein bisschen mit der Anatomie des Magen-Darm-Trakts beim Hund beschäftigen. Hunde sind sogenannte „Schlinger", das heißt ursprünglich schlugen sich die Vorfahren des Hundes nach der Jagd so richtig den Bauch voll. Dies führte zu Wohlbefinden und machte dem Hund nicht viel aus, denn sein Magen kann sich um ein Vielfaches ausdehnen, weit über den Rippenbogen hinaus. Das ist beim Pferd zum Beispiel anders, denn bei Pferden besteht die Gefahr, dass der Magen reißt, wenn er aufgrund einer zu großen Füllmenge zu stark gedehnt wird. Für ein Pferd ist das häufig ein Todesurteil.

Der Magen ist dabei an der oberen Wand des Brustkorbs befestigt, und zwar über ein sogenanntes Gekröse, ein Aufhängeband, welches das Organ an der Leibeshöhle festhält. Sonst würde der Magen nicht an Ort und Stelle bleiben und sich mit anderen Organen verknoten. In diesem Gekröse befinden sich ebenfalls Gefäße, also Venen und Arterien, die den Magen mit Sauerstoff versorgen, sodass er gut arbeiten kann. Kommt es aber nun zu einer Drehung des Magens, wird auch das Gekröse gedreht. Stell dir vor, du befestigst ein Handtuch an einem Stuhl und drehst das Handtuch in deinen Händen. Zugleich werden die Gefäße mit gedreht, beziehungsweise vom Aufhängeband abgeschnürt, sodass kein Blut mehr durch die Gefäße fließen kann. Dies passiert sowohl am Mageneingang als auch am Magenausgang. Der Magen gast auf, denn es kann nichts mehr rein oder raus und der Mageninhalt kann nicht abtransportiert werden. Immer dann, wenn die Blutversorgung unterbrochen ist, besteht die Gefahr, dass Organe nicht mehr durchblutet werden und zu wenig Sauerstoff bekommen und dauerhaft zerstört werden. Im weiteren Verlauf kann es dann zum Kreislaufversagen des Hundes und Herzrhythmusstörungen kommen, die dann zu seinem Tod führen können.

Wie kannst du frühzeitig erkennen, ob dein Hund eine Magendrehung hat?

Einer der wichtigsten Hinweise ist, dass er zu erbrechen versucht, dies jedoch nicht kann, denn der Mageneingang ist ja durch die Drehung des Gekröses verschlossen. In manchen Fällen kann man sogar einen aufgeblähten Bauch erkennen und typische Anzeichen für Schmerzen und Unwohlsein, wie beispielsweise Unruhe, Speicheln, sich nicht hinlegen wollen und hecheln. Eine sichere Diagnose kann beim Tierarzt durch ein Röntgenbild gestellt werden, das einen eindeutigen Befund zeigt. Die Ursachen für eine Magendrehung

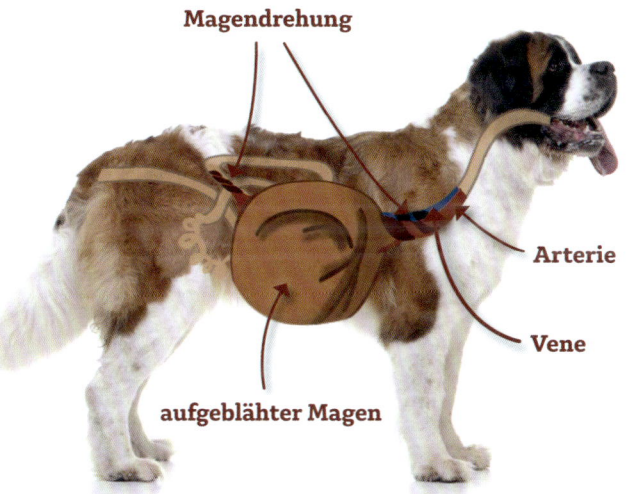

Magendrehung

Bei einer Magendrehung ist der Magen stark aufgegast.

Arterie

Vene

aufgeblähter Magen

Normale Größe des Magens

Im gesunden Zustand ist der Magen viel kleiner.

sind noch nicht gänzlich geklärt. Es wird vermutet, dass Hunderassen, die einen tiefen Rumpf haben, häufiger betroffen sind. Man geht davon aus, dass die anatomischen Strukturen und die lange Aufhängung des Magens ein größeres Risiko für eine Magendrehung darstellen.

Diskutiert wird ebenfalls, ob wilde körperliche Bewegungen kurz nach dem Fressen des Hundes eine Drehung des Magens begünstigen können. Extremer Stress hat aus meiner persönlichen Erfahrung einen erheblichen Einfluss auf die Entstehung einer Magendrehung. Die mir bekannten Fälle einer Magendrehung

traten bei Hunden auf, die nicht durch einen besonders tiefen Brustkorb gekennzeichnet waren. Ein Hund zeigte die Symptome direkt nach dem Fressen. Zuvor stand er sehr unter Stress, Bewegungen haben weder vor noch nach dem Fressen stattgefunden. In einem anderen Fall war der Hund allein zu Hause und wurde erst aufgefunden, als es bereits zu spät war. Hier war kein Zusammenhang mit der Bewegung oder dem Fressen festzustellen.

Bei einem Verdacht auf eine Magendrehung sollte schnellstmöglich ein Tierarzt aufgesucht werden, denn es handelt sich um einen Notfall und jede Sekunde zählt.

Mein Hund frisst alles, ist das gefährlich?

Insbesondere in der Weihnachtszeit landen Hunde oft im Notdienst, weil sie Schokolade mit Alufolie gefressen haben. Im Winter und Frühling können Meisenknödel gefährlich werden, wenn sie mit Netz gefressen werden. Dieses Problem trifft viele Hundebesitzer, es gibt im Netz sogar eine Seite, auf der man sich Röntgenbilder von Hunden anschauen kann, die Löffel, Spielzeug aber auch Eheringe gefressen haben. Das sieht ungewöhnlich aus, kann aber sehr gefährlich für den Hund werden.

Was ist daran so gefährlich? Zum einen werden die Warnhinweise zu sogenannten Giftködern, die jemand ausgelegt hat, um Hunde zu vergiften, immer häufiger, aber auch die sogenannte Darmdrehung kann für den Hund lebensbedrohlich werden. Schluckt der Hund Gegenstände ab, die nicht dazu geeignet sind, gefressen zu werden, landen diese zunächst im Magen. Das Erbrechen ist eine Art Schutzmechanismus, der den Hund davor bewahren kann, dass der Gegenstand oder das gefressene Material aus dem Magen in die nächsten Darmabschnitte wandert. Leider greift dieser Schutzmechanismus nicht immer.

Erreicht man rechtzeitig die Tierarztpraxis, kann das Erbrechen durch Medikamente ausgelöst werden. Befindet sich der Gegenstand erst einmal im Darm, helfen keine Medikamente mehr. Manchmal werden Gegenstände auch wieder mit dem Kot ausgeschieden, ohne dass der Magen-Darm-Trakt geschädigt wird oder Giftstoffe in den Körper aufgenommen werden. Es kann aber auch passieren, dass Gegenstände nicht erbrochen oder ausgeschieden werden können und im Magen-Darm-Trakt verbleiben.

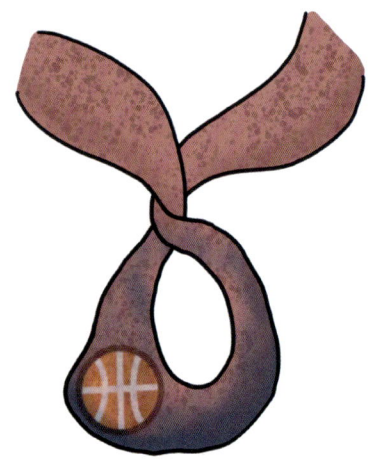

Kommt es zu einer Darmverdrehung durch einen Gegenstand, muss dieser oftmals chirurgisch entfernt werden.

Gegenstände, die ursprünglich eine weiche, gummiartige Konsistenz hatten, können aufgrund der Magensäure zu harten und scharfkantigen Gegenständen werden. Der Darm kann durch den Gegenstand beschädigt werden, denn eigentlich ist er nicht dafür ausgelegt, harte und große Gegenstände zu transportieren. Durch den Gegenstand kann es zu einer Verdrehung des Darms kommen, sodass der Darm abgeklemmt wird, kein Transport von Nahrungsbestandteilen mehr möglich ist, Blutgefäße abgeklemmt werden und sich im Darm möglicherweise Gas bildet. Dies wird für den Hund lebensgefährlich, denn ohne mit Blut oder Sauerstoff versorgt zu werden, kann ein Teil des Darms absterben, indem Zellen zerstört werden. Mithilfe einer Operation kann der Bauchraum und der betroffene Darmabschnitt geöffnet werden, sodass der Gegenstand chirurgisch entfernt werden kann.

Das Abschlucken von nicht verdaulichen Gegenständen stellt also ein gravierendes Problem dar. Bei diesem Thema ist wichtig zu überprüfen, welche Ursache für das Verhalten infrage kommt. Zeigt der Hund dieses Verhalten beispielsweise aus Langeweile, ist es erlernt, hat er Hunger, fehlen ihm Nährstoffe, sucht er Aufmerksamkeit oder kann es andere medizinische Gründe haben? Zudem können Schmerzen im Oberbauch ursächlich sein.

Für ein dauerhaft bestehendes Hungergefühl kann zum einen die Genetik des Hundes eine Rolle spielen. Es gibt ein sogenanntes POMC-Gen beim Labrador, welches so verändert ist, dass ein Botenstoff, der eigentlich den Appetit hemmen würde, nicht produziert wird. Ein bestehendes Hungergefühl kann allerdings auch eine medizinische Ursache haben. Die Fütterung sollte bei Verdacht genau überprüft werden. Enthält das Futter beispielsweise alle wichtigen Spuren- und Mengenelemente in der richtigen Höhe, sind der Proteingehalt und der Energiegehalt in der richtigen Menge vorhanden und entspricht das Futter dem Alter des Hundes?

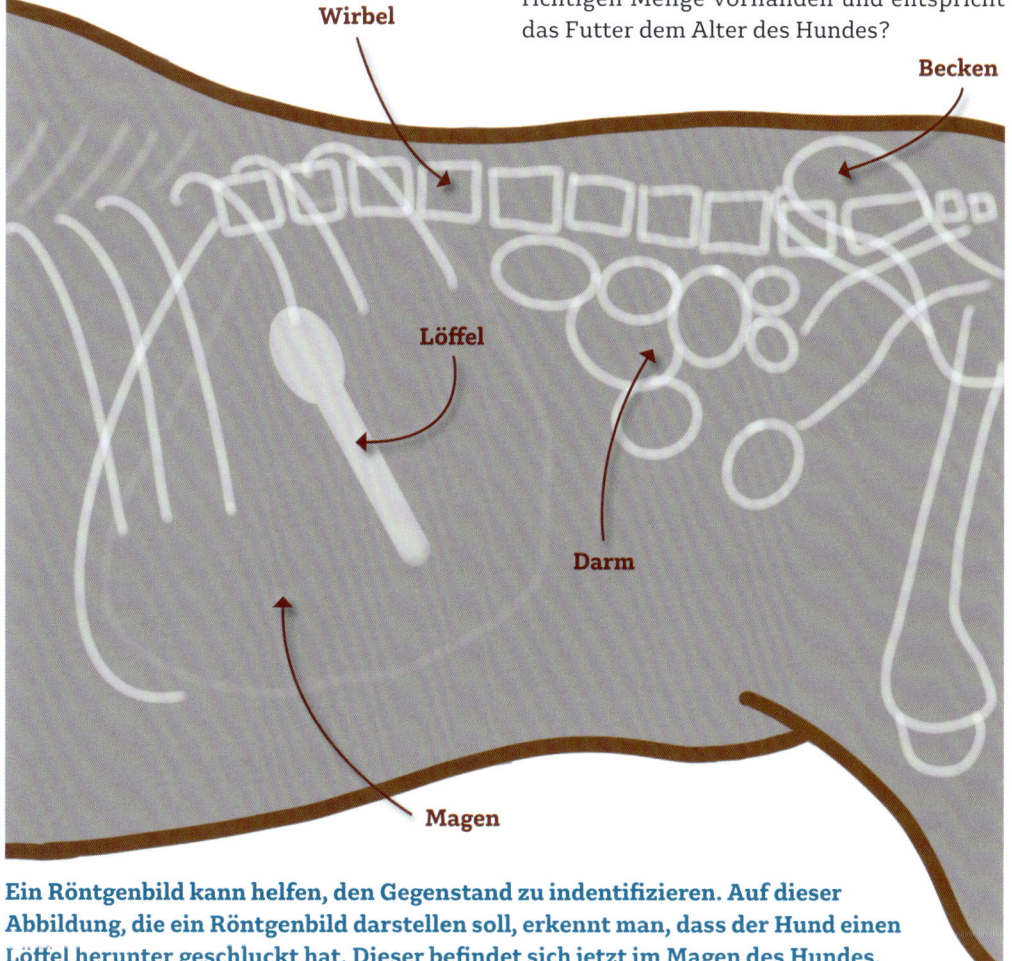

Ein Röntgenbild kann helfen, den Gegenstand zu indentifizieren. Auf dieser Abbildung, die ein Röntgenbild darstellen soll, erkennt man, dass der Hund einen Löffel herunter geschluckt hat. Dieser befindet sich jetzt im Magen des Hundes.

Wie lange muss ich meine Hündin in der Läufigkeit an der Leine führen?

Hast du dich auch schon gefragt, wann man bei der Hündin aufpassen muss, damit sie keine Welpen bekommt, kannst dir aber Zahlen schlecht merken? Hier kommt eine Übersicht mit den wichtigsten Fakten zur Läufigkeit bei der Hündin.

In der Literatur gibt es verschiedene Begriffe für den Zyklus der Hündin, ich habe folgende vier Begriffe gewählt, um den Zyklus möglichst einfach zu erklären: Proöstrus, Östrus, Metöstrus und Anöstrus.

Beim Zyklus handelt es sich um einen sich wiederholenden Prozess, sodass man eigentlich keinen Anfang und kein Ende definieren kann. Bei jungen Hündinnen sind die Phasen häufig noch unterschiedlich lang. Bei der erwachsenen Hündin pendeln sich die Phasen jedoch ein. Wichtig ist, die Läufigkeit in den Kalender einzutragen, denn der zeitliche Abstand oder das Ausbleiben einer Läufigkeit sind wichtige Hinweise auf eine mögliche Erkrankung. Bei jungen Hündinnen kann es bis zu zwei Jahre dauern, bis sie das erste Mal läufig werden. Erwachsene Hündinnen werden ungefähr alle sechs Monate, also zweimal im Jahr, läufig.

Wir beginnen mit dem Proöstrus. „Pro" bedeutet „vor" und „Östrus" wird auch als „Brunst" bezeichnet, das Individuum ist paarungsbereit. Proöstrus nennt man also die Phase, bevor sich eine Hündin von Rüden decken lassen würde. Diese Phase startet mit dem Bluten der Hündin. Das Blut ist in dieser Phase eher dunkelrot. Im Unterschied zum Menschen handelt es sich bei der Hündin nicht um eine Abbruchblutung, sondern um eine Aufbau-

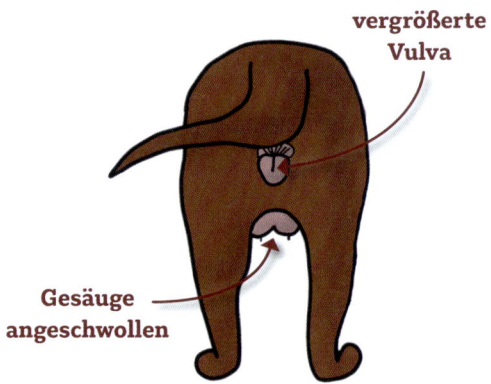

vergrößerte Vulva

Gesäuge angeschwollen

Viele Hündinnen zeigen deutliche Läufigkeitsmerkmale.

blutung. Das Blut wird freigesetzt, dass die Gebärmutter so umgebaut wird, dass sich die befruchteten Eier einnisten und aus diesen Welpen werden könnten. Die Gebärmutter ist also anders aufgebaut als beim Menschen. Ganz wichtig: Wenn die Hündin blutet, folgt im Anschluss die Phase, in der sie trächtig werden kann. Die Phase des Proöstrus dauert in der Regel ein bis zwei Wochen.

Nun folgt die Phase des Östrus. Dieser ist dadurch gekennzeichnet, dass die Hündin mit Beginn dieser Phase bereit ist, sich decken zu lassen und wird daher auch „Standhitze" genannt. In der vorherigen Phase knurrt sie die Rüden an und lässt diese nicht aufreiten. Im Östrus jedoch bleibt sie stehen und man kann erkennen, dass sie die Rute zur Seite nimmt. Solltest du einmal einem Rüden begegnen, der gerade eine Hündin deckt, ist es ganz wichtig, dass die beiden nicht auseinandergerissen werden, denn das kann zu erheblichen Verlet-

Wichtig:

Viele Hündinnen halten sich selbst sehr sauber und verlieren nur tröpfchenweise Blut. Es gibt auch Höschen, die man Hündinnen in dieser Phase anziehen kann, ich habe jedoch die Erfahrung gemacht, dass viele Hündinnen das Tragen eines Läufigkeitshöschens unangenehm finden, da sie sich selbst nicht so gut sauber lecken können. Diese Höschen schützen aber in keinem Fall vor einem Deckakt oder einer Trächtigkeit. Freilaufgebiete sollten mit einer läufigen Hündin grundsätzlich gemieden werden.

trächtig sind. Das kann manchmal zum Problem werden, sodass man im Training unterstützen oder den Tierarzt aufsuchen muss. Die Dauer dieser Phase ist wiederum von Hündin zu Hündin unterschiedlich und dauert ungefähr acht Wochen.

An diese Phase schließt sich der Anöstrus an. „An" könnte man mit „hindurch" übersetzen. Die Gebärmutter befindet sich im Ruhezustand. Zum Ende der Phase des Anöstrus beginnt der Zyklus wieder von vorne und die Phase des Proöstrus beginnt. Bei der Kastration einer Hündin sollte man übrigens darauf achten, dass sich die Gebärmutter im Ruhezustand befindet, also im Anöstrus.

zungen der Geschlechtsorgane führen. Man spricht beim Hund vom sogenannten „Hängen". Der Östrus dauert in der Regel ein bis zwei Wochen, je nach Hündin auch länger. Daher sollte man ab der ersten Blutung mindestens 21 Tage auf die Hündin aufpassen und sie an der Leine führen.

Metöstrus. „Met" bedeutet zwischen, es ist also eine Zwischenphase. In dieser Phase wird die Gebärmutter wieder zurückgebildet, wenn keine Trächtigkeit vorliegt. Im Wolfsrudel helfen die Hündinnen, die nicht trächtig werden, dabei, die Welpen mit Milch zu versorgen, daher werden auch unsere Haushunde scheinträchtig. Bei manchen Hündinnen schwillt das Gesäuge an und manche Hündinnen produzieren sogar Milch, obwohl sie nicht

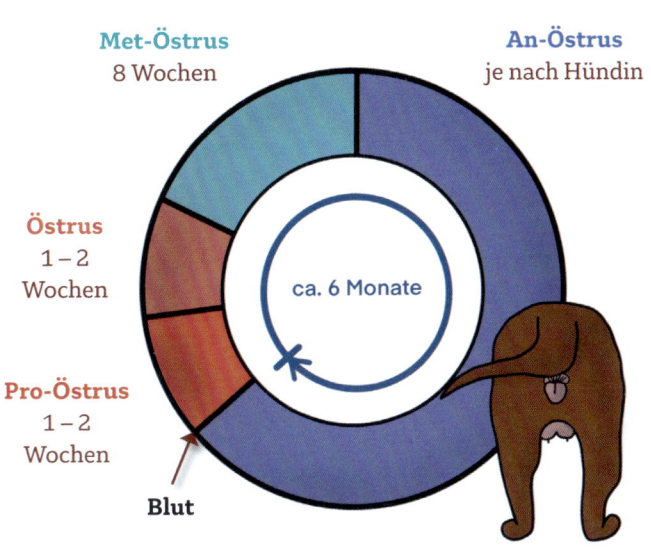

Sexualzyklus Hündin

Met-Östrus
8 Wochen

An-Östrus
je nach Hündin

Östrus
1 – 2
Wochen

Pro-Östrus
1 – 2
Wochen

ca. 6 Monate

Blut

Der Sexualzyklus der Hündin lässt sich in vier Phasen einteilen.

Muss ich verhindern, dass mein Hund so hastig frisst?

Kennst du sogenannte Anti-Schlingnäpfe? Das sind Hundenäpfe, die aus unterschiedlichen Materialien bestehen können (wie normale Näpfe auch), die aber eine oder mehrere Strukturen besitzen, die den Hund daran hindern sollen, das Futter sehr schnell zu fressen. Diese sehen von oben aus wie Labyrinthe oder haben Formen wie Knochen oder Pfoten.

Brauchen Hunde sowas? So unterschiedlich wie wir Menschen sind auch unsere Hunde. Frage ich meine Kunden im Training nach dem Fressverhalten ihrer Hunde, bekomme ich die unterschiedlichsten Antworten. Die einen sagen: „Ja, der schlingt, nein ich würde sagen, der inhaliert sein Futter, da bleibt nichts stehen!" Während die anderen sich wundern und Sorgen haben, da ihr Hund sehr mäkelig frisst und sie mit Leberwurst und anderen Köstlichkeiten versuchen, das Ganze schmackhaft zu machen.

Eine sehr häufig gestellte Frage ist dann auch, wie oft man seinen Hund eigentlich füttern sollte. Wie bei allen anderen Themen kann man hier keine pauschale Antwort geben, doch ich finde es sehr hilfreich, für eine schlüssige Antwort über den Tellerrand zu schauen und den Hund an sich mit anderen Tierarten zu vergleichen. Wir Tierärzte haben beispielsweise gelernt, dass die Katze aus fütterungstechnischer Sicht KEIN kleiner Hund ist, obwohl sie sich ja auch von Beutetieren ernährt.

Wieso ist das so wichtig zu betonen? Ein wichtiger Unterschied gegenüber dem Hund ist, dass Katzen Snackfresser sind. Das heißt, sie benötigen über den Tag regelmäßig kleine Mengen Futter, sonst geraten sie in einen Hungerstoffwechsel, der gesundheitsschädliche Folgen haben kann. Beim Pferd wiederum ist es für den Verdauungsapparat von sehr wichtiger Bedeutung, dass sie möglichst jederzeit Zugang zu kleinen Mengen Gras oder Heu haben.

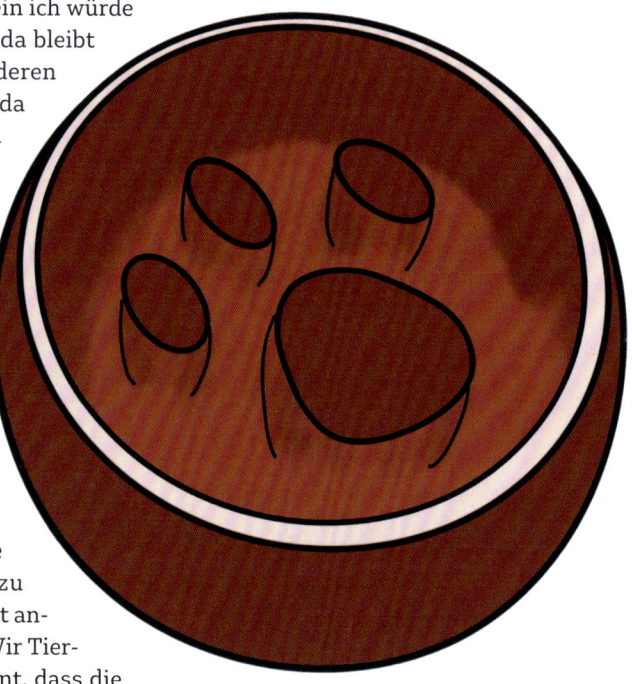

Anti-Schlingnäpfe können dabei helfen, dass ein Hund nicht so hastig frisst.

Der Hund gilt nicht als Snackfresser und man muss die Futtermenge angemessen zuteilen und vor allem begrenzen. Zusätzlich besitzt er die physiologischen Voraussetzungen, sich den Bauch so vollzuschlagen, dass er für zwei Tage einen Vorrat anlegen kann.

Das Futter und die Aufnahme des Futters haben beim Hund aber noch weitere wichtige Funktionen: Die Nahrung ist Energie- und Nährstofflieferant. Wichtig ist, dass das Futter alle notwendigen Spuren- und Mengenelemente enthält und der Hund nicht unter-, aber auch nicht überversorgt wird.

Die Nahrungsaufnahme führt zu Aktivität und Beschäftigung. Hunde gehen in die Suche, greifen ihre Beute, beißen, kauen und schlucken während der Jagd.

Sie führt zur mechanischen Füllung des gesamten Magen-Darm-Trakts, die zu Wohlbefinden führt.

Sie ist mit einem Erfolgserlebnis verbunden, bleibt dieses aus, kommt es zu Frustration.

Aufgrund dieser Erkenntnisse kann man Rückschlüsse auf die Fütterung des Hundes ziehen. Wichtig ist, dass der Hund regelmäßig die Möglichkeit bekommt, einen Napf auch mal ganz leer zu fressen und seinen Magen mit einer größeren Portion zu füllen, denn dies führt zu Wohlbefinden. Wenn der Hund das Futter sehr schnell frisst und blitzschnell fertig ist, ist das auch erst einmal kein Grund, daran etwas zu ändern oder einen speziellen Napf zu kaufen.

Du solltest aber darauf achten, einen ruhigen Ort für die Fütterung zu wählen und dem Hund das Gefühl zu geben, dass ihm keiner etwas wegnimmt und er in Ruhe fressen kann. Sicherlich gibt es immer Spezialfälle, insbesondere auch dann, wenn es um Aggressionsverhalten geht, die man sich im Detail anschauen und dann konkrete Tipps und Trainingsaufgaben berücksichtigen muss.

Außerdem sollte man wissen, dass ein Hund, der über einen längeren Zeitraum ausschließlich aus der Hand gefüttert wird und kein Futter aus dem Napf erhält, zunehmend Stress ausgesetzt ist, da es kleinste Häppchen dann immer nur für eine entsprechende Leistung gibt. Manchmal fördert dieses Training sogar das Verteidigen von Futter, da Futter für den Hund noch wichtiger wird. Ein solches Training sollte mit einem Trainer besprochen werden und nicht über einen längeren Zeitraum angewendet werden.

Sind Näpfe, die das Schlingen verhindern sollen, nun nützlich? Aus meiner Sicht ist ein solcher Napf bei den allermeisten Hunden, auch wenn sie hastig fressen, nicht nötig. Er schadet aber auch nicht. Alternativ kann das Futter beispielsweise auch im Garten ausgeworfen werden, sodass sich der Hund ein bisschen länger damit beschäftigen muss.

Soll ich meinen Rüden kastrieren lassen, ja oder nein?

Dies ist eine der wohl am häufigsten gestellten Fragen im Training mit Junghunden und absolut kontrovers diskutiert. Wie bei allen Fragen im und rund um das Hundetraining sollte eine Entscheidung immer individuell getroffen werden. Hier möchte ich dir den Unterschied zwischen einer Kastration und einer Sterilisation beim Rüden erklären, denn mir fällt auf, dass diese Begriffe häufig verwechselt werden. Zudem gibt es in der Tiermedizin andere Standards als in der Humanmedizin, denn Rüden werden standardmäßig kastriert und nicht sterilisiert.

Bei einer Kastration handelt es sich um einen medizinischen Eingriff, bei dem die Hoden des Rüden vollständig entfernt werden. Bei einer Sterilisation werden die beiden Samenleiter durchtrennt, die Hoden werden nicht entfernt.

Nun habe ich für dieses Thema ein bisschen recherchiert, denn es wirft die Frage auf: Warum werden Rüden eigentlich kastriert und nicht sterilisiert, ist der Eingriff nicht viel harmloser?

Um dies zu beantworten, sollte man sich die Frage stellen, welches Ziel erreicht werden soll. Sowohl bei der Kastration als auch bei der Sterilisation, wird verhindert, dass der Rüde weiterhin Welpen zeugen kann. Werden die Hoden entfernt, werden auch hormonbildende Zellen entfernt, denn im Hoden wird vor allem das männliche Geschlechtshormon Testosteron gebildet. Bei der Sterilisation bleiben die Hoden erhalten und das Testosteron wird weiterhin gebildet.

Das Testosteron kann einen Einfluss auf das Verhalten beziehungsweise auf das unerwünschte Verhalten von Rüden, aber auch auf den Verlauf und die Prognose bestimmter Erkrankungen nehmen. Der Wunsch, den Rüden kastrieren zu lassen, tritt häufig auf, sobald der Rüde in die Pubertät kommt und es zu Schwierigkeiten im Umgang mit dem Hund im Alltag kommt.

Das Tierschutzgesetz schreibt vor, dass eine Kastration oder auch eine Sterilisation nur dann durchgeführt werden darf, wenn eine Indikation beziehungsweise ein vernünftiger Grund vorliegt. Dies können medizinische Ursachen sein oder auch verhaltenstherapeutische Gründe. Die Begründung, dass sich der Hund nicht weiter vermehren soll, ist für sich allein entsprechend dem Tierschutzgesetz nicht ausreichend, da durch Management verhindert werden kann, dass es zum Deckakt zwischen Rüde und Hündin kommt. Somit gibt es aus meiner Sicht keine Indikation für eine Sterilisation, da diese keine Auswirkung auf die Produktion von Testosteron hat. Erkrankungen können nicht beeinflusst und Verhaltensprobleme nicht verändert werden. Somit ist die Sterilisation kein Ersatz für eine chemische oder chirurgische Kastration.

Prinzipiell sollte es sich bei einer Kastration immer um eine Einzelfallentscheidung handeln. Die Krankheitsgeschichte, die Rasse, das Alter, Angst- oder Aggressionsverhalten, bisheriges Training und viele weitere Aspekte müssen Berücksichtigung finden.

Kastration vs. Sterilisation

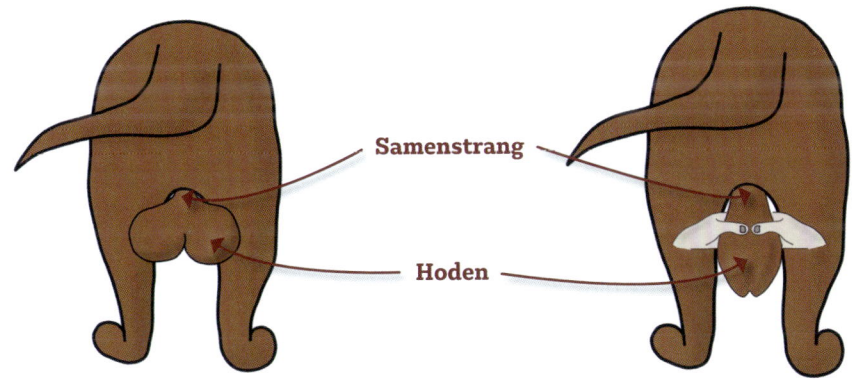

Im Hodensack liegen Samenstrang und Hoden.

Die Hoden und der Samenstrang sind mit den Händen tastbar.

**Kastration =
Entfernung der Keimdrüsen**

**Sterilisation =
Unterbrechung des Samenleiters**

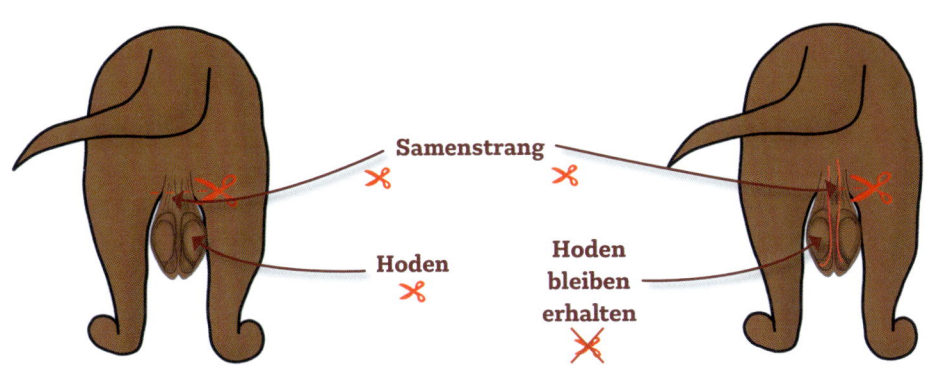

Bei der Kastration werden die Hoden entfernt.

Bei einer Sterilisation werden die Hoden nicht entfernt.

Wie funktioniert die chemische Kastration beim Rüden?

Häufig stehen wir im Training mit Junghunden, insbesondere mit jungen Rüden, vor dem großen Problem der Pubertät. Frustrierte Menschen ärgern sich über frustrierte Rüden, die augenscheinlich nichts anderes im Kopf haben als Schnüffeln, in die Leine springen und nicht mehr auf den Menschen zu hören.

Wenn es doch nur ein Mittelchen gäbe, was man unseren Vierbeinern über die Zeit der Pubertät einflößen könnte, um diese Phase schneller hinter sich zu bringen, höre ich die Menschen häufig klagen. Und da liegt die Versuchung nahe, all die Hoffnung in eine Kastration zu setzen. Lieber erst einmal chemisch, das kann man ja dann wieder rückgängig machen. Für uns Trainer und auch für Tierärzte eine schwierige Situation, denn es gibt leider keine einheitlich passende Antwort. Denn es mag durchaus Rüden geben, die gewaltig unter der hormonellen Beeinflussung leiden, sehr gestresst sind und überhaupt nicht zur Ruhe kommen. Und wenn dieser Hund dann nach der Kastration wie erlöst scheint und sein zwanghaft wirkendes Verhalten endlich ablegen kann, ist die Erleichterung auf allen Seiten groß. Doch ganz ehrlich – dies ist in den seltensten Fällen die Sachlage. Stattdessen sehe ich häufig junge Rüden im Training, die gechipt sind, also nicht im Sinne des Transponders, sondern hormonell kastriert, die sich in ihrem pubertären Verhalten kaum verändern.

Worauf möchte ich jetzt hinaus? Vielleicht wirst du feststellen, dass deine Überlegungen in dieselbe Richtung gehen, nämlich, dass man den Rüden lieber erst einmal chemisch kastriert und die Entscheidung für eine „richtige", also chirurgische Kastration viel schwerer fällt, da sie mit einem größeren Eingriff verbunden ist und einen irreversiblen Zustand hervorruft. Ich möchte dich heute dafür sensibilisieren, dass eine Entscheidung über einen hormonellen Chip aus meiner Sicht genauso sorgfältig getroffen werden sollte. Hierzu möchte ich dir kurz und leicht verständlich erklären, wie ein hormoneller Chip beim Rüden eigentlich funktioniert. Außerdem erkläre ich dir, wieso er dadurch über einen bestimmten Zeitraum keine Welpen mehr zeugen kann und sich zudem Verhaltensweisen des Rüden zum positiven, aber auch negativen verändern können. Los geht's.

Um den Rüden zeugungsunfähig zu machen, muss die Testosteronproduktion in den Hoden beeinflusst werden. Würde man den Testosterongehalt des Rüden messen, nachdem der Chip unter die Haut des Rüden gesetzt wird, müsste dieser Wert also deutlich sinken. Äußerlich kann man das daran erkennen, dass die Hoden wortwörtlich schrumpfen, also kleiner werden. Es wird also weniger Testosteron im Hoden produziert. Spermien können nicht mehr richtig produziert werden, der Rüde kann die Hündin zwar noch decken, aber es werden keine Welpen entstehen.

Wie funktioniert das?

Für die Produktion von Testosteron in den Hoden ist ein komplexes System verantwortlich. Um das Ganze nicht zu komplex zu machen, verzichte ich hier mal auf das Gendern und spreche einfach mal vom Chef (dem Hypothalamus) und der Assistentin (der Hypophyse). Selbstverständlich könnten es auch eine Chefin und ein Assistent sein.

In der Firma ist die Heizung kaputt, bis diese repariert wird, hat der Chef ein Heizlüftersystem installiert, welches sich möglichst selbst regulieren soll, um Stromkosten zu sparen. Der Heizlüfter selbst ist in unserem Beispiel das Endorgan, also der Hoden. Wird die Wohlfühltemperatur des Chefs unterschritten, sodass er zu frieren beginnt, drückt er auf seinem Schreibtisch auf einen roten Schalter. Dieser bewirkt, dass eine rote Lampe im Zimmer der Assistentin zu leuchten beginnt. Diese läuft sofort zur Heizlüfteranlage im Flur und schaltet die Heizlüfteranlage an. Die Heizlüfter produzieren sofort Wärme. Plötzlich merkt der Chef in seinem Zimmer: Es wird zu warm, wir müssen Stromkosten sparen. Augenblicklich lässt er den Schalter los, das rote Licht im Zimmer der Assistentin geht aus und sie setzt sich wieder an ihren Schreibtisch. Sobald es dem Chef zu kalt wird, drückt er wieder auf den roten Schalter.

Du siehst, das System reguliert sich selbst.

In unserem Beispiel produziert der Hoden jedoch keine Wärme, sondern Testosteron. Nun greifen wir Menschen in das System ein. Wir möchten, dass keine Wärme mehr produziert wird, bzw. kaum noch Testosteron produziert wird.

Wie können wir das System austricksen?

Wir nutzen einen eigenen roten Schalter, der die rote Lampe im Zimmer der Sekretärin zum Leuchten bringt, allerdings nicht mit voller Leuchtkraft, sondern nur ein bisschen, sodass das rote Licht so gerade aufflackert. Die Sekretärin steht trotzdem sofort auf und schaltet die Heizlüfter an.

Der Chef hat von der ganzen Sache gar nichts mitbekommen, er merkt nur: Mir ist zu warm.

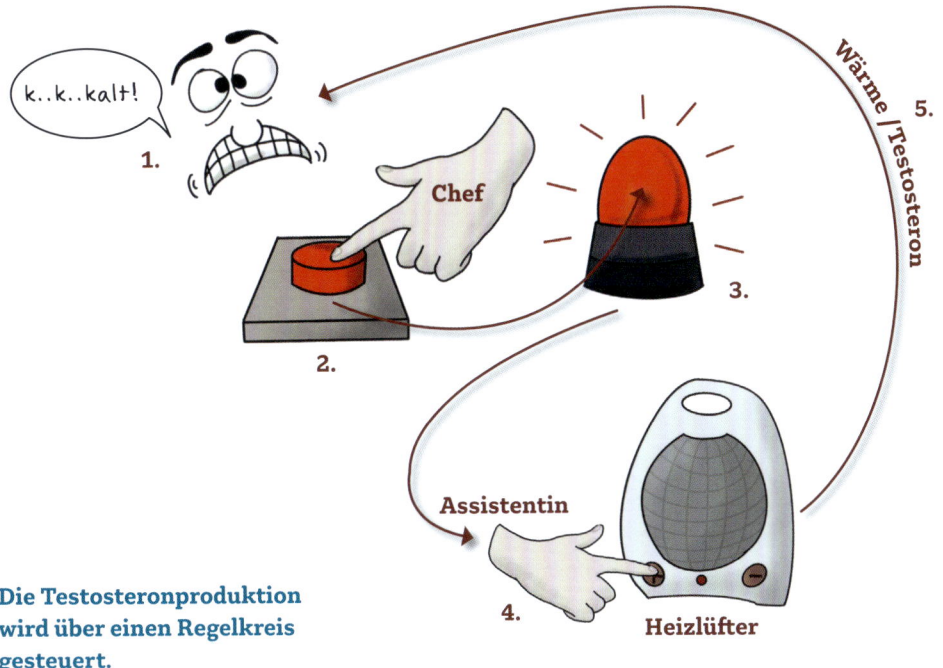

Die Testosteronproduktion wird über einen Regelkreis gesteuert.

Er drückt den roten Schalter also eine ganze Zeit nicht mehr.

Die Assistentin macht jetzt keine Pausen mehr, der Heizlüfter wird zu warm und die Sicherung brennt durch. Es wird keine Wärme mehr produziert.

Ein ähnliches Geschehen erfolgt im Körper des Rüden. Denn die Rezeptoren im Hoden, also Proteine, die auf die Signale der Assistentin reagieren und dann zur Bildung von Testosteron beitragen würden, erschöpfen aufgrund der permanenten Informationsübertragung, sodass Testosteron nicht mehr in vollem Ausmaß gebildet werden kann.

Puh, so, das war erst einmal grob die Funktion des hormonellen Chips. Aus der Praxis wissen wir, dass es beim Rüden, nachdem der Chip im Körper wirken kann, erst einmal zu einer Verschlechterung des Verhaltens kommen kann und er in den ersten Tagen immer noch

zeugungsfähig ist. Woran liegt das? Schauen wir in unser Beispiel mit den Heizlüftern. Zunächst produziert der Heizlüfter tatsächlich ja noch mehr Wärme als sonst, weil die Assistentin ihn dauerhaft anschaltet und es nicht mehr zu Pausen kommt, bis er schließlich überhitzt.

Es gibt zwei verschiedene Chips, die sich in ihrer Wirkungslänge unterscheiden, entweder hält der Chip sechs Monate oder es handelt sich um einen Ganzjahreschip, diesbezüglich kann dich aber dein Tierarzt oder deine Tierärztin genauer informieren. Verliert der Chip seine Wirkung, übernehmen der Chef und die Assistentin wieder die Verantwortung im Körper und das System reguliert sich wieder selbst, wie eingangs beschrieben.

Wir sehen also, dass so ein kleiner Chip ganz schön viel im Körper des Rüden durcheinanderbringen kann und die Entscheidung für einen Chip niemals leichtfertig getroffen werden sollte.

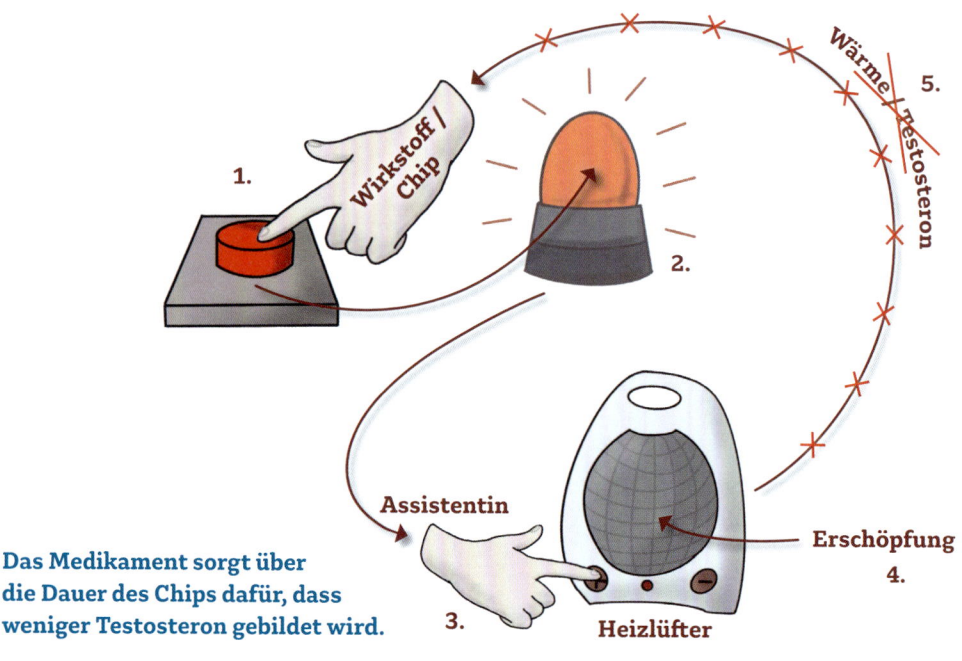

Das Medikament sorgt über die Dauer des Chips dafür, dass weniger Testosteron gebildet wird.

Hündinnen werden nicht sterilisiert, warum eigentlich nicht?

Bei einer Kastration der Hündin handelt es sich um einen medizinischen Eingriff, bei dem die Eierstöcke der Hündin entfernt werden oder die Eierstöcke inklusive der Gebärmutter. Es ist also möglich, eine Ovarektomie durchzuführen, also nur die Eierstöcke zu entfernen, oder aber eine Ovarhysterektomie. Hierbei werden die Eierstöcke und die Gebärmutter der Hündin entfernt.

Welcher Eingriff sinnvoll ist, sollte individuell entschieden werden. Die Gebärmutter sollte auf jeden Fall entfernt werden, wenn eine Pyometra vorliegt, sich also Eiter in der Gebärmutter gebildet hat. Dieser Zustand kann sehr schnell lebensbedrohlich für die Hündin werden und gilt als Notfall.

Entsprechend dem Tierschutzgesetz darf ein chirurgischer Eingriff nur durchgeführt werden, wenn ein vernünftiger Grund wie beispielsweise eine Erkrankung vorliegt. Eine Pyometra ist standardmäßig ein Kastrationsgrund. Somit kommt keine Sterilisation infrage, da die Gebärmutter entfernt werden muss, in der sich der Eiter befindet. Bei einer Sterilisation würden die beiden Eileiter durchtrennt, sodass die Hündin nicht mehr befruchtet und nicht mehr trächtig werden kann, die Eierstöcke und die Gebärmutter werden jedoch nicht entfernt. Werden die Eierstöcke nicht entfernt, wird die Hündin weiterhin läufig, da die Eierstöcke weiterhin Östrogen bilden. Ähnlich wie beim Rüden ist eine Sterilisation also bei der Hündin wenig sinnvoll.

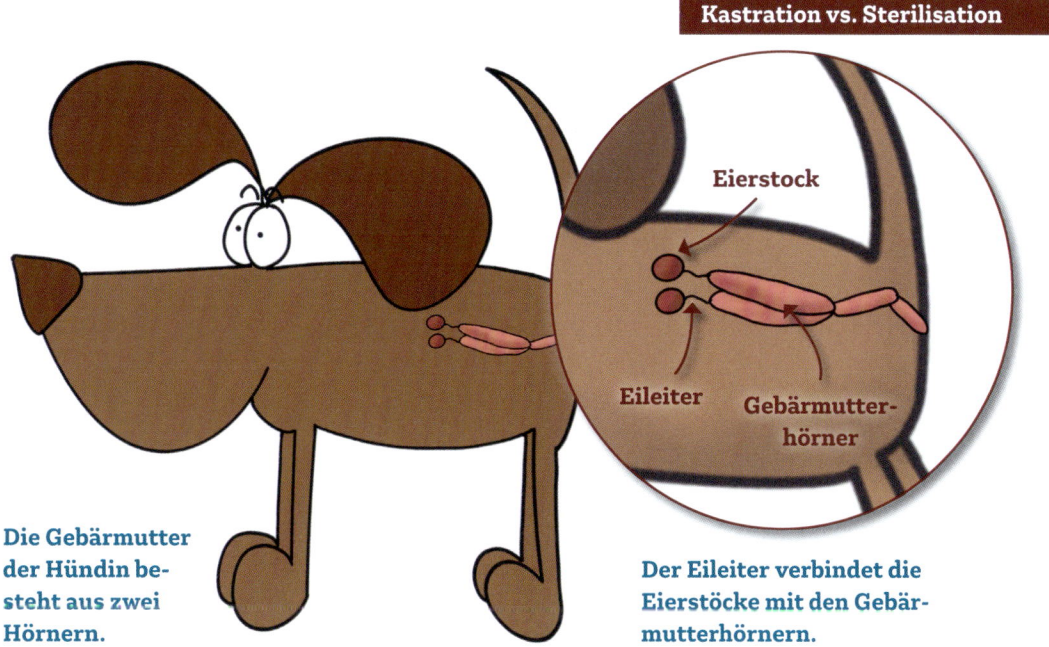

Kastration vs. Sterilisation

Eierstock

Eileiter

Gebärmutterhörner

Die Gebärmutter der Hündin besteht aus zwei Hörnern.

Der Eileiter verbindet die Eierstöcke mit den Gebärmutterhörnern.

Sterilisation: Eileiter durchtrennen

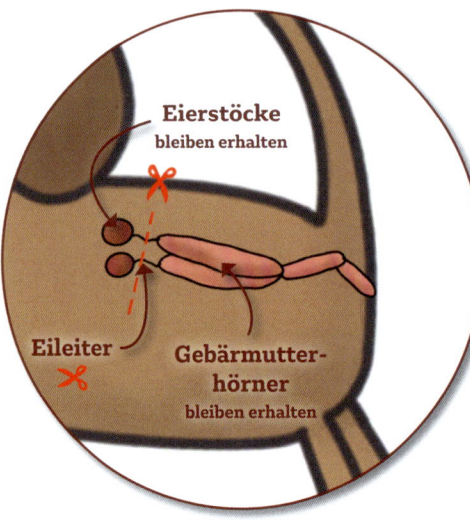

Eierstöcke
bleiben erhalten

Eileiter

**Gebärmutter-
hörner**
bleiben erhalten

Bei einer Sterilisation werden die Eileiter durchtrennt

Für Hündinnen gibt es keine Pille wie bei der Frau, allerdings wird häufiger davon gesprochen, die Hündin zu „spritzen": Theoretisch ist es möglich, ihr regelmäßig Hormone zu spritzen, um die Läufigkeit zu unterdrücken. Standardmäßig werden Hündinnen heutzutage aber nicht mehr gespritzt beziehungsweise mit Hormonen behandelt, um die Läufigkeit zu unterdrücken, da die Nebenwirkung einer solchen Behandlung zu gravierend sein können, wie beispielsweise Diabetes mellitus oder ein vermehrtes Zellwachstum in der Gesäugeleiste bei hoher Dosierung oder häufiger Anwendung.

Zusammenfassend lässt sich also festhalten, dass Hündinnen vor allem kastriert und nicht gespritzt oder sterilisiert werden, allerdings immer im Sinne einer Einzelfallentscheidung und nur dann, wenn ein vernünftiger Grund entsprechend des Tierschutzgesetzes vorliegt.

Kastration: Ovarektomie

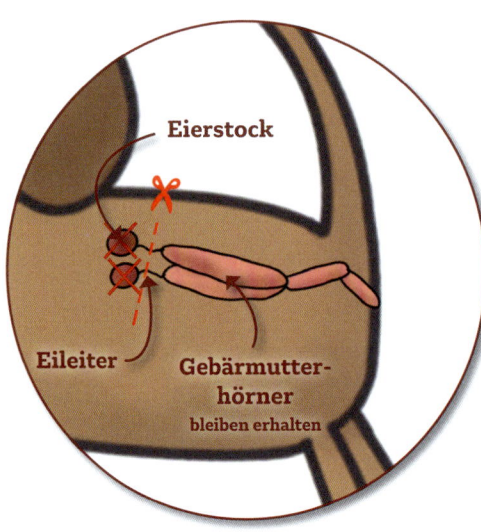

Eierstock

Eileiter

**Gebärmutter-
hörner**
bleiben erhalten

Bei einer Ovarektomie werden die Eierstöcke entfernt.

Kastration: Ovarhysterektomie

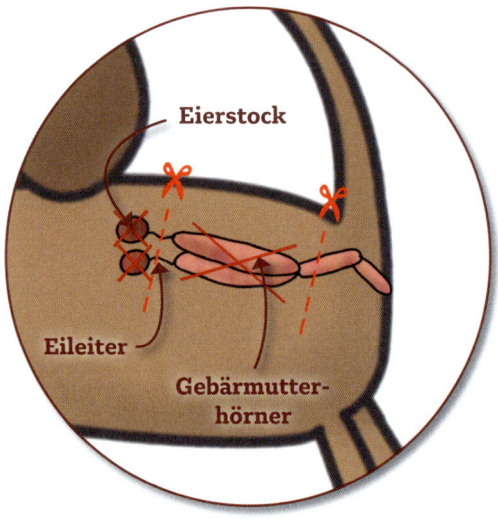

Eierstock

Eileiter

**Gebärmutter-
hörner**

Bei einer Ovarhysterektomie werden die Eierstöcke und die Gebärmutter entfernt.

Sind die Krallen bei meinem Hund zu lang?

Hast du dich das auch schon gefragt und Angst davor, etwas falsch zu machen? Ich kann dich beruhigen, denn viele Hundebesitzer fragen danach: „Schau mal, sind die Krallen zu lang?" Dies kann man ganz leicht wie folgt testen: Du nimmst ein Stück Papier und legst es auf den Boden. Nun versuchst du das Papier zwischen Boden und Kralle zu schieben. Wenn das möglich ist, ist die Kralle kurz genug.

Wenn das nicht geht, ist die Kralle zu lang. Wie kurz du die Kralle schneiden kannst, variiert zwischen den Hunden individuell. Bei hellen Krallen kann man häufig sehen, wo das schmerzempfindliche Gewebe beginnt. Bei dunklen Krallen ist das schwierig und auch wir Tierärzte können uns nicht sicher sein, dass es nicht blutet. Oft zucken die Hunde beim Geräusch der Krallenschere zusammen und ziehen das Bein weg. Das macht es besonders schwierig und erhöht die Verletzungsgefahr. Nicht selten habe ich in der Tierarztpraxis erlebt, dass Hunde sich die Krallen nicht schneiden lassen wollen.

Nutze die Möglichkeit, das Krallenschneiden bei deinem Hund zu üben. Probiere folgendes einmal aus: Du nimmst dir eine Handvoll Makkaroni und eine Krallenschere, bringst deinen Hund ins Bleib und erzeugst Knackgeräusche mit der Krallenschere, indem du die Makkaroni in kleine Stücke schneidest. Je besser das klappt, desto eher kannst du Übungen wie das Geben und Festhalten der Pfote integrieren. Vergiss dabei nicht, deinen Hund zu belohnen, wenn er stillgehalten hat. Kleine Schritte, die sich immer wieder wiederholen, sind hier ganz wichtig.

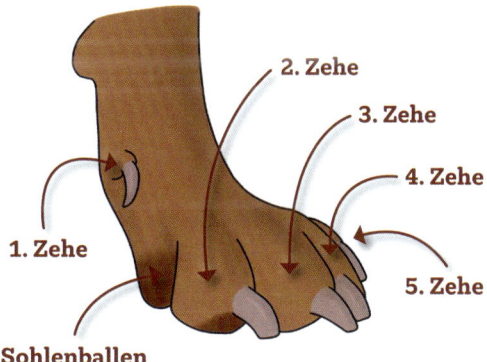

Die Pfote des Hundes besteht aus fünf Zehen.

Als Alternative zur Krallenschere kann man auch einen sogenannten Krallendremel verwenden und die Zehen regelmäßig vorsichtig schleifen. An das laute Geräusch müssen sich die Hunde nach und nach gewöhnen. Alternativ kannst du auch eine ganz normale grobe Nagelfeile nutzen. Wenn die Krallen jedoch sehr hart sind, ist die Nagelfeile nicht wirkungsvoll genug.

Auf einer meiner Zeichnungen kannst du einen Extremfall von zu langen Krallen sehen. Einen solchen tierschutzrelevanten Fall habe bisher erst einmal gesehen: Der Hund konnte nicht mehr selbst laufen und wurde ausschließlich getragen. Leider hatte sich das Horn so verwachsen, dass man die Kralle nicht mehr einfach kürzen konnte. Dies ist aber wirklich ein extremer Fall, denn Krallen werden bei Belastung auch durch die Abnutzung am Boden zu einem gewissen Teil abgeschliffen.

Dennoch können Krallen, die zu lang sind, zu Fehlstellungen in den Zehengelenken und dadurch zu orthopädischen, also die Knochen und Gelenke betreffende Erkrankungen führen. Die Daumenkralle, also die erste Zehe an der Vordergliedmaße, hat beim Hund jedoch keinen Kontakt zum Boden. Diese muss bei fast allen Hunden regelmäßig gekürzt werden, denn auch diese kann zu lang werden und dann in die Haut einwachsen, das darf nicht passieren!

Da die Daumenkrallen über einen Knochen gelenkig mit der restlichen Gliedmaße verbunden sind, stellt das Entfernen der Daumenkralle eine Amputation dar. Entsprechend des deutschen Tierschutzgesetzes dürfen sie somit ohne medizinische Indikation nicht entfernt werden.

Manchmal reißen sich Hunde versehentlich die Daumenkralle heraus, weil sie mit dieser hängen bleiben. Das kann sehr schmerzhaft für den Hund sein und sollte vom einem Tierarzt / einer Tierärztin untersucht werden. Manchmal reißen Krallen der anderen Zehen ebenfalls ein und müssen beim Tierarzt gezogen werden. Werden die Krallen kurz gehalten und regelmäßig auf ihre Länge kontrolliert, lassen sich viele Verletzungen verhindern.

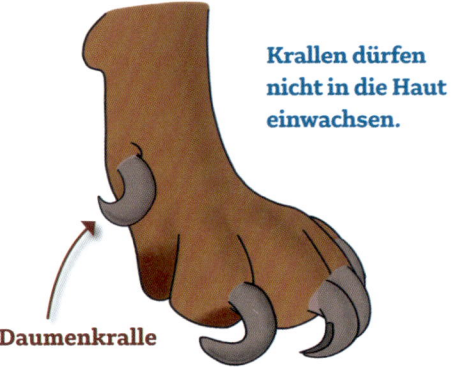

Krallen dürfen nicht in die Haut einwachsen.

Daumenkralle

Innerhalb der Krallen liegen Knochen, Blutgefäße und Nerven.

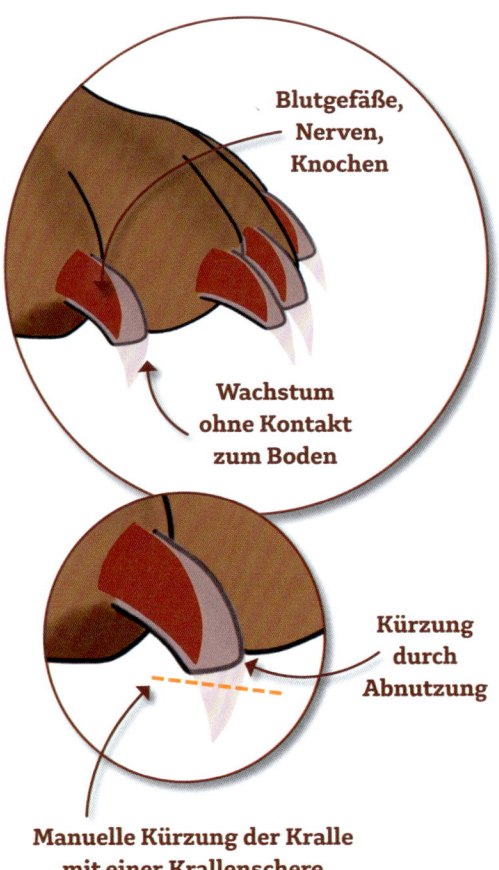

Blutgefäße, Nerven, Knochen

Wachstum ohne Kontakt zum Boden

Kürzung durch Abnutzung

Manuelle Kürzung der Kralle mit einer Krallenschere

Ein Stück Papier sollte zwischen Zehen und Boden verschiebbar sein.

Was ist beim Zahnwechsel des Welpen zu beachten?

Zwischen dem vierten und dem sechsten Lebensmonat fallen je nach Rasse und Körpergröße die Milchzähne aus. Merkt man das? Letztens war ich bei einer Kundin zu Hause und wir waren in ein Gespräch verwickelt. Plötzlich hörte man den kleinen Welpen auf etwas Festem herumkauen: Es war ein Backenzahn. „Ja, ich habe letzte Woche auch schon einen Zahn gefunden", sagt sie. „Und er kaut einfach alles an. Ich gebe ihm dann seinen Beißring, der hilft ihm aber nicht so richtig. Ich hoffe, es ist bald vorbei."

Beim Tierarzt gehört es zur Allgemeinuntersuchung, dem Hund ins Maul zu schauen. Viele Hunde mögen und kennen das nicht. Im Hundetraining stelle ich fest, dass wir immer dann ins Maul schauen, wenn wir den Hunden irgendwas herausnehmen, was sie eigentlich nicht fressen dürfen. Wichtig ist, das Ins-Maul-Schauen einfach mal spielerisch im Alltag zu üben, den Hund daran zu gewöhnen und dafür zu belohnen, dass er es ruhig und gelassen zulässt.

Beim Zahnwechsel sollte man kontrollieren, ob auch alle Milchzähne ausfallen und die neuen Zähne genügend Platz zum Wachsen haben. Ein Beispiel für eine Komplikation ist der sogenannte Caninussteilstand, dabei handelt es sich um eine Fehlstellung der Fangzähne des Unterkiefers.

Während sich im Welpengebiss 28 Zähne befinden, besteht das erwachsene Gebiss aus 42 Zähnen.

Ein abgebrochener Zahn kann ein Notfall sein, insbesondere dann, wenn die Pulpahöhle, also

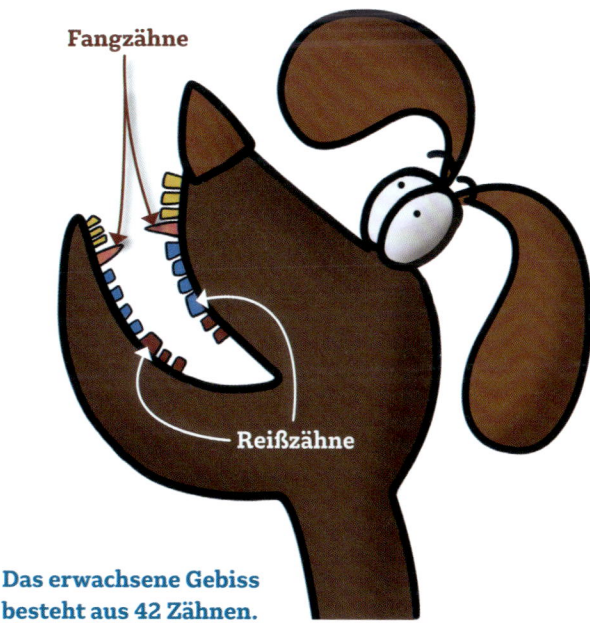

Fangzähne

Reißzähne

Das erwachsene Gebiss besteht aus 42 Zähnen.

der Innenraum des Zahns, eröffnet ist und Zugang zu Nerven und Blutgefäßen besteht. Zahnschmerzen sind auch beim Hund sehr schmerzhaft. Tiere, insbesondere Hunde, zeigen ihre Schmerzen aber häufig nicht.

Auch beim erwachsenen Hund ist es wichtig, in regelmäßigen Abständen ins Maul zu schauen, um Zahnfehlstellungen und Zahnfrakturen (Brüche) frühzeitig zu erkennen.

Wusstest du, dass der Fangzahn nicht gleichbedeutend mit dem Reißzahn ist? Mithilfe der Reißzähne, die besonders groß und scharf sind, kann der Hund seine Nahrung zerkleinern. Während die restlichen Backenzähne eher eine mahlende Funktion haben, kann der Hund mithilfe der Reißzähne seine Nahrung zerquetschen wie mit einer Kneifzange, diese Wirkung wird auch Brechschere genannt.

Interessant ist, dass die Reißzähne zwar übereinander liegen, jedoch im Ober- und Unterkiefer einer anderen Zahngruppe angehören. Im Oberkiefer wird der Reißzahn aus einem Vorbackenzahn (Prämolaren) und im Unterkiefer aus einem Backenzahn (Molaren) gebildet. Die Fangzähne dienen eher dem Festhalten der Nahrung und werden auch Eckzähne genannt.

Das Welpengebiss besteht aus 28 Zähnen.

Wieso ist Über- und Untergewicht bei Hunden lebensverkürzend?

Studien zeigen, dass ein Großteil unserer Haustiere an Übergewicht leidet und auch ich sehe im Training sehr viel öfter zu dicke als zu dünne Hunde. Beides kann für den Hund lebensverkürzend sein und vielfach machen wir diese schmerzhafte Erfahrung erst, wenn unsere Hunde ein gewisses Alter erreicht haben.

Schwierig ist, dass man einem Hund, der ein paar Kilos zu viel hat, sein Leid gar nicht ansieht. Hinzu kommt, dass die Kaugeräusche eines Hundes, der an einer Möhre kaut oder ein Pferd, dass sich Mash (Brei) schmecken lässt, bei mir ein gutes Gefühl bewirken. Ich habe dann das Gefühl, dass es ihnen gutgeht und sie sich wohlfühlen.

Selbst im Training nutzen wir alle Varianten der Belohnung: Von der Leberwurst über Käse bis hin zum Rollbraten – dabei wissen wir, dass die Snacks von der Hauptmahlzeit abgezogen werden müssen. Steht der Hund dann allerdings mit großen Augen vor seinem Napf und bettelt, füllt man vielleicht doch noch einmal eine Portion nach. Faktoren wie eine Kastration oder Stoffwechselerkrankungen können ebenfalls eine beschleunigende Rolle bei der Gewichtszunahme spielen.

Mithilfe des sogenannten Body Condition Score (BCS) kannst du selbst anhand bestimmten Kriterien wie beispielsweise tastbaren Knochenvorsprüngen, erkennbarem

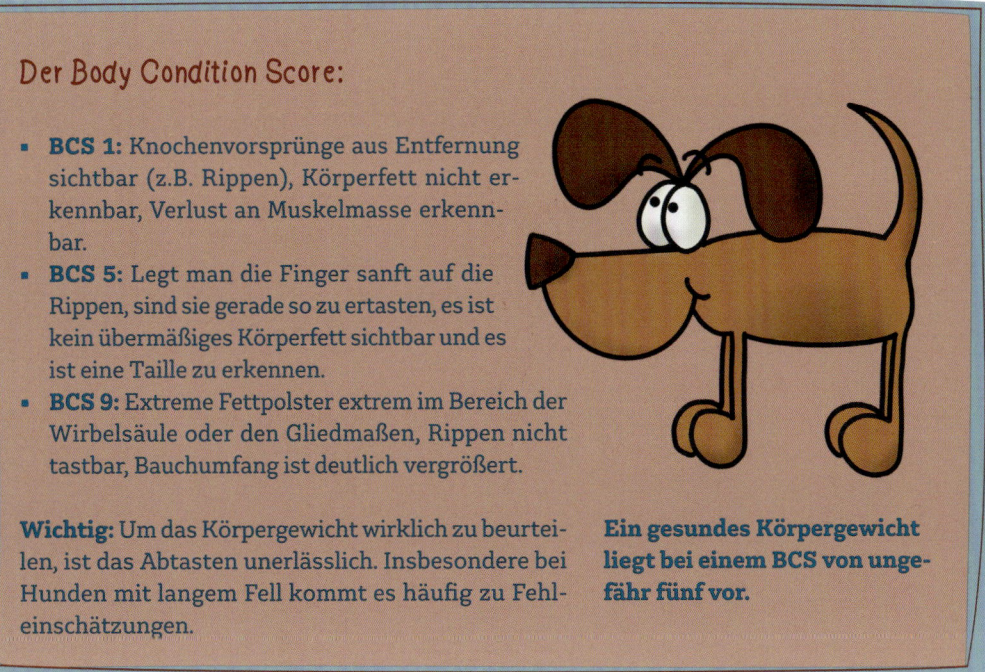

Der Body Condition Score:

- **BCS 1:** Knochenvorsprünge aus Entfernung sichtbar (z.B. Rippen), Körperfett nicht erkennbar, Verlust an Muskelmasse erkennbar.
- **BCS 5:** Legt man die Finger sanft auf die Rippen, sind sie gerade so zu ertasten, es ist kein übermäßiges Körperfett sichtbar und es ist eine Taille zu erkennen.
- **BCS 9:** Extreme Fettpolster extrem im Bereich der Wirbelsäule oder den Gliedmaßen, Rippen nicht tastbar, Bauchumfang ist deutlich vergrößert.

Wichtig: Um das Körpergewicht wirklich zu beurteilen, ist das Abtasten unerlässlich. Insbesondere bei Hunden mit langem Fell kommt es häufig zu Fehleinschätzungen.

Ein gesundes Körpergewicht liegt bei einem BCS von ungefähr fünf vor.

Körperfett und dem Verlust an Muskelmasse beurteilen, ob dein Hund übergewichtig ist, ein normales Gewicht hat oder untergewichtig ist. Hierbei handelt es sich um eine Skala mit einer Einteilung von eins bis neun. Ein BCS von eins bis vier beschreibt einen Hund, der sehr untergewichtig ist, während ein Hund mit einem BCS von über sieben übergewichtig ist. Ein gesundes Körpergewicht hat ein Hund mit einem BCS von vier bis fünf.

Damit ich Dinge im Alltag umsetzen kann, muss ich persönlich grundsätzlich verstehen, warum ich etwas machen oder lassen soll. Die Information, dass ein übergewichtiger Hund schneller stirbt, ich also zwei bis drei Jahre weniger Zeit mit ihm verbringen kann, ist für mich schon ziemlich gravierend. Aber wieso ist das eigentlich so? Was genau verkürzt denn die Lebensjahre? Das Fett? Tatsächlich werden innere Organe geschädigt, das Immunsystem funktioniert nicht mehr richtig,

die Knochen verlieren ihre Stabilität und das Kreislaufsystem wird geschädigt.

Vielleicht helfen dir diese Informationen dabei, das Betteln deines Hundes besser zu ignorieren. Achte darauf, dass dein Hund eine athletische Figur behält, damit du die kurze Zeit, die dir mit deinem Vierbeiner bleibt, genießen kannst und er lange gesund an deiner Seite bleibt. Auch wenn dein Hund immer hungrig scheint und es dir ein gutes Gefühl gibt, den Napf noch einmal aufzufüllen, obwohl er seine Tagesration bereits erhalten hat, solltest du von Anfang an konsequent bleiben.

Es ist viel schwieriger, das Futter zu reduzieren, wenn der Hund bereits übergewichtig ist. Dein Hund darf dann noch weniger fressen als die normale Portion, sonst verliert er kein Gewicht. Der Hunger und das Betteln bleiben. Lass daher Übergewicht gar nicht erst entstehen, dir und deinem Hund zuliebe.

Diabetes / Grauer Star

Atem-
beschwerden

Immunsystem
funktioniert
schlechter

Bluthochdruck

Orthopädische
Störungen

Risiko bei
Narkose erhöht

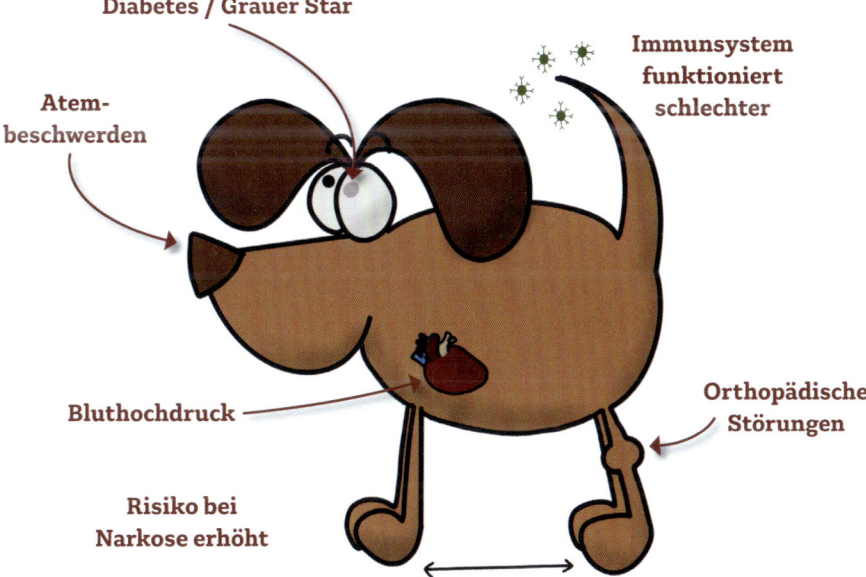

Ein BCS von 7 – 9 kennzeichnet einen stark übergewichtigen Hund.

Untergewicht: Body Condition Score BCS 1 – 3

Muskulatur
wird abgebaut

Immunsystem
funktioniert
nicht richtig

Schädigung
innerer Organe
und Herzmuskulatur

Schlechte
Wundheilung

Osteoporose,
Knochenbrüche

Stark untergewichtige Hunde haben einen BCS von 1 – 3.

Welche Erste-Hilfe-Maßnahmen sollte ich für meinen Hund kennen?

Das Thema der Ersten Hilfe betrifft uns alle, nicht nur beim Hund. Genauso wie beim Menschen sollte man sich regelmäßig mit diesem Thema auseinandersetzen und weiterbilden. Das Thema ist insgesamt sehr umfangreich und beinhaltet aus meiner Sicht die Notwendigkeit, die einzelnen Inhalte praktisch unter Anleitung zu üben. Viele Einrichtungen, Tierarztpraxen und auch Hundeschulen bieten Erste-Hilfe-Kurse für Vierbeiner mittels der Unterstützung eines Tierarztes / einer Tierärztin an.

Ein persönliches Erlebnis hat mich dazu bewogen, mir eine kurze Übersicht für den Ernstfall anzufertigen, damit man in einer Notsituation sofort weiß, was zu tun ist.

Ich saß im Frühstücksraum eines Hotels, mehrere Tische waren besetzt und die Menschen waren in Gespräche vertieft. Plötzlich trat Stille ein, ich schaute mich um, um den Grund dafür zu finden und sah einen Mann am Boden liegen. Niemand rührte sich, alle starrten auf den am Boden liegenden Mann. Die Frage, die mich in meiner Reaktion hemmte und mir als ersten in den Sinn kam, war: Was mache ich denn jetzt? Womit fängt man an? Ich habe mir gemerkt: Zuerst das Bewusstsein des Menschen prüfen, ist er noch ansprechbar?

Für Tiere gilt das eigentlich genauso. In der Grafik habe ich das ABC-Schema aufgegriffen, da es dich gut durch die nächsten Schritte leitet. Beim Menschen würde man sicherlich den Notruf wählen, beim Hund verfolgt man vor allem das Ziel, ihn so gut zu stabilisieren, dass man ihn möglichst schnell in die nächstgelegen Tierarztpraxis oder Klinik bringen kann.

Diese Grafik stellt allerdings nur eine Übersicht dar. Detailliertes Wissen sollte mithilfe eines Kurses besprochen und in der Praxis geübt werden. Die Sicherung der Unfallstelle lassen wir hier mal außen vor, diese ist im Ernstfall natürlich auch sehr wichtig. Zu beachten ist auch, den Hund so zu sichern, dass er nicht zur Gefahr für den Menschen wird und beißt.

Schauen wir uns das ABC-Schema einmal an: Der Buchstabe A steht für Atmung. Das allererste, was zu tun ist, ist zu schauen, ob der Hund ansprechbar ist und ob noch alle Lebenszeichen vorhanden sind. Hierzu überprüft man zunächst, ob der Hund noch atmet. Ist das der Fall, kontaktiert man am besten den Tierarzt und kündigt schon einmal den Besuch in der Tierarztpraxis an. Anschließend überprüft man, ob Blutungen gestillt werden müssen.

Atmet der Hund nicht, ist zu prüfen, ob die Atemwege blockiert sind, beispielsweise durch einen Fremdkörper. Kann der Fremdkörper entfernt und die Atmung wieder gesichert werden, sollte der Hund dann in eine stabile Seitenlage gebracht werden.

Der Buchstabe B steht für Beatmung: Wenn der Hund weiterhin nicht atmet, sollte mit einer Beatmung begonnen werden. Kann eine selbstständige Atmung des Hundes erreicht werden, wird dieser in die stabile Seitenlage gebracht.

Der Buchstabe C steht für „compression", also für die Herzmassage. Lässt sich keine Atmung herstellen, wird überprüft, ob das Herz schlägt. Ist das nicht der Fall, erfolgt die Herzmassage.

In vielen Erste-Hilfe Seminaren werden zusätzlich Informationen über den Krankentransport des Hundes, die gängigsten Verbände, Vergiftungen, bestimmte Krankheiten und besondere Notfälle vermittelt.

Wichtig: Ziel ist es, den Hund möglichst gut zu stabilisieren, damit der Zustand sich nicht verschlimmert und ihn dann schnellstmöglich in die nächstgelegene Tierarztpraxis oder Klinik zu bringen. Dabei ist es sehr hilfreich, die Praxis oder Klinik im Vorfeld zu informieren und den Besuch anzukündigen. Ein Erste-Hilfe-Kurs für Hunde sollte genauso wie beim Menschen regelmäßig besucht werden, um im Ernstfall vorbereitet zu sein.

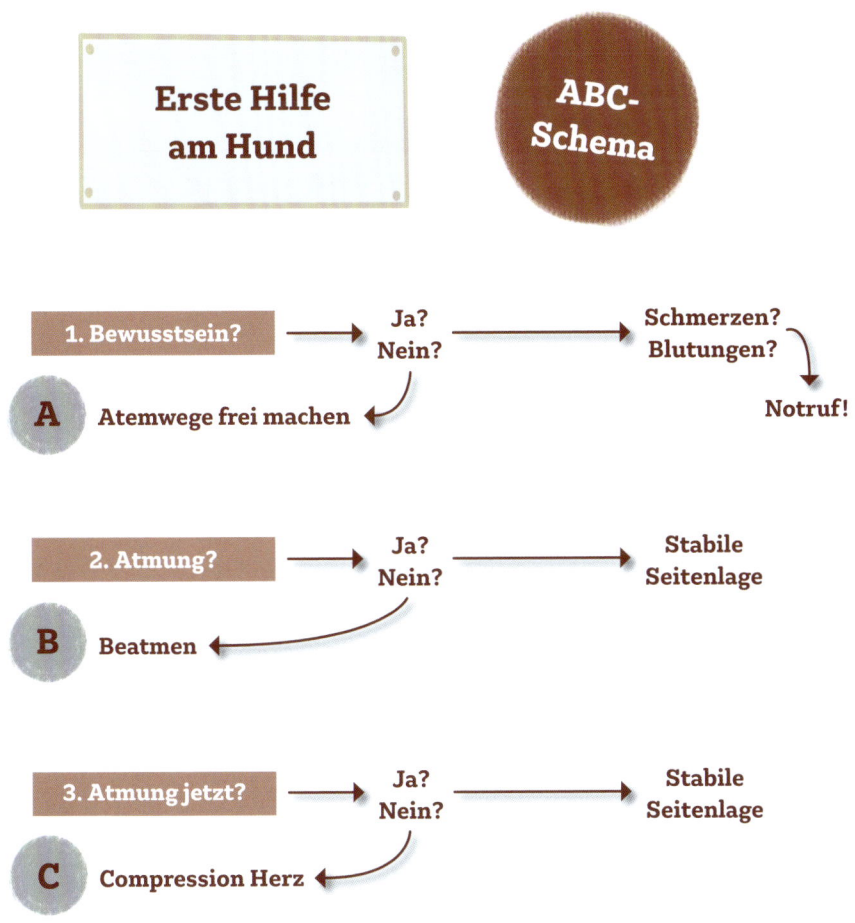

Das ABC-Schema dient zur Übersicht über die Maßnahmen in einem Ernstfall.

ANHANG

Schlusswort

Nun sind wir am Ende dieses Buches angelangt, doch das Thema Hund ist hier noch lange nicht abgeschlossen. Bestimmte Aspekte sind noch offen und bestimmte Themen noch nicht detailliert genug beleuchtet. Je einfacher etwas heruntergebrochen wird, desto ungenauer wird der Inhalt. Der große Vorteil: Wissenschaft wird verständlich und einprägsam. Sollten dir noch Fragen in den Sinn kommen oder dich bestimmte Themen noch genauer interessieren, hast du die Möglichkeit, Kontakt über meinen Blog mit mir aufzunehmen. Hier beantworte ich aktuelle Fragen und Themen rund um das Thema Hund und Gesundheit.

Ich wünsche dir und deinem Vierbeiner eine großartige und aufregende Zeit zusammen, ein langes und gesundes Leben und viele wertvolle gemeinsame Momente.

Über die Autorin

Valérie Pöter ist Tierärztin, Illustratorin, Bloggerin und Hundeexpertin. Nach dem Abschluss ihres Studiums der Tiermedizin in Hannover absolvierte sie eine Ausbildung zur Hundetrainerin und leitet eine eigene Hundeschule in Oldenburg. In ihrem Blog **www.faq-hund.de** räumt sie mit Missverständnissen in der Hundeerziehung auf und erklärt medizinische Sachverhalte leicht verständlich. Ihre Leidenschaft gehört dem digitalen Zeichnen und Visualisieren.

Quellenangaben:

Bloch, Günther. Der Wolf im Hundepelz: Hundeerziehung aus unterschiedlichen Perspektiven. Stuttgart, 2004.

Deplazes, Peter; Eckert, Johannes und Samson-Himmelstjerna, Georg von: Lehrbuch der Parasitologie für die Tiermedizin. Stuttgart, 2013.

Feddersen-Petersen, Dorit U.: Ausdrucksverhalten beim Hund. Stuttgart, 2008.

Feddersen-Petersen, Dorit U. und Piturru, Pasquale: Hundeführerschein und Sachkundeprüfung. Nerdlen/Daun, 2019.

Kamphues, Josef et al.: Supplemente zur Tierernährung für Studium und Praxis. Hannover, 2014.

Nolte, Ingo und Yin, Sophia A.: Praxisleitfaden Hund und Katze. Hannover, 2013.

Salomon, Franz-Viktor; Geyer, Hans und Gille, Uwe: Anatomie für die Tiermedizin. Stuttgart, 2015.

Schroll, Sabine und Dehasse, Joël: Verhaltensmedizin beim Hund. Stuttgart, 2016.

van Schewick, Manuela: Kind trifft Hund. Stuttgart, 2014.

Wehrend, Axel: Leitsymptome Gynäkologie und Geburtshilfe beim Hund. Stuttgart, 2010.

Zimbardo, Philipp G. und Gerring, Richard J.: Psychologie. Berlin Heidelberg New York, 2004.

Quellen Internetseiten:

Pdf mit nützlichen Informationen über die Erste Hilfe beim Hund:
https://www.tiho-hannover.de/kliniken-institute/kliniken/klinik-fuer-kleintiere/informationen-fuer-patientenbesitzer/erste-hilfe-fuer-hund-oder-katze

Weitere Informationen über Keilwirbel:
https://www.tiho-hannover.de/kliniken-institute/institute/institut-fuer-tierzucht-und-vererbungsforschung/forschung/forschungsprojekte-hund/keilwirbel

Studie über Auswirkungen des Drucks auf die Leine auf den Augeninnendruck:
https://pubmed.ncbi.nlm.nih.gov/16611932/

Vergleich und Test verschiedener Hundetransportsysteme:
https://www.adac.de/rund-ums-fahrzeug/ausstattung-technik-zubehoer/ladungssicherung/tier-transport-auto/

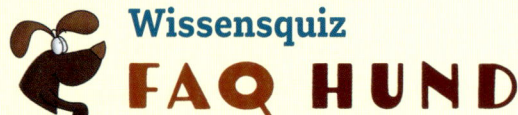

Wissensquiz
FAQ HUND

Möchtest du dein frisch erworbenes Hundewissen überprüfen?

Hier gibt es ein kleines Wissensquiz für dich zum Download!

Am besten machst du das Quiz einmal vor und einmal nach dem Lesen des Buchs – so kannst du deinen Lernerfolg überprüfen!

https://www.hundebuchshop.com/FAQ-Hund-Wissensquiz

Richtige Antworten: 1c, 2b, 3b, 4a, 5c, 6c, 7a, 8c, 9c, 10b, 11d, 12a, 13c, 14c